拖拉机座椅半主动悬架系统减振控制技术

TUOLAJI ZUOYI BANZHUDONG
XUANJIA XITONG JIANZHEN KONGZHI JISHU

刘孟楠　陈小亮　徐立友　著

中国农业出版社
北　京

图书在版编目（CIP）数据

拖拉机座椅半主动悬架系统减振控制技术 / 刘孟楠，陈小亮，徐立友著. -- 北京 ：中国农业出版社，2024. 10. -- ISBN 978-7-109-32137-3

Ⅰ. S219. 032.4

中国国家版本馆 CIP 数据核字第 2024FB1851 号

拖拉机座椅半主动悬架系统减振控制技术

TUOLAJI ZUOYI BANZHUDONG XUANJIA XITONG JIANZHEN KONGZHI JISHU

中国农业出版社出版

地址：北京市朝阳区麦子店街 18 号楼

邮编：100125

责任编辑：胡烨芳　　文字编辑：李兴旺

版式设计：王　晨　　责任校对：吴丽婷

印刷：中农印务有限公司

版次：2024 年 10 月第 1 版

印次：2024 年 10 月北京第 1 次印刷

发行：新华书店北京发行所

开本：787mm×1092mm　1/16

印张：9.25

字数：220 千字

定价：78.00 元

前言 FOREWORD

拖拉机是我国农业机械化重要装备之一，受制于技术和成本等因素，国产拖拉机减振装置简陋，长时间行驶与作业在土路和田间易产生剧烈的振动，不仅是各类故障出现的主要因素，也严重影响驾驶员的身心健康。拖拉机振动主要通过座椅传递到人体，采用性能好、可靠性高、能耗低的座椅半主动悬架仍是目前主要研究热点。由于拖拉机座椅半主动悬架系统包含非线性和不确定因素，振动过程中易造成系统不稳定，严重影响舒适性。因此，建立合理的拖拉机座椅半主动悬架系统模型、简化并构建高精度变阻尼特性模型、设计健壮性强的座椅半主动悬架复合自适应模糊控制是解决这些问题的关键技术。

本书以提高乘坐舒适性为目标，围绕大型拖拉机座椅半主动悬架系统设计方法、变阻尼特性建模和复合自适应模糊控制开展深入研究，主要研究内容如下：

(1) 分析大型拖拉机座椅悬架系统乘坐舒适性及其约束条件，为基于磁流变阻尼器（magnetorheological damper，MRD）的大型拖拉机座椅半主动悬架系统振动特性研究提供量化标准。重构大型拖拉机行驶和作业时的随机路面激励模型和冲击路面激励模型，为大型拖拉机座椅半主动悬架系统振动响应分析提供输入激励。基于国内某型号的大型拖拉机驾驶室空间布置结构及带犁田间行驶工况，设计了座椅半主动悬架，建立了集成座椅半主动悬架系统的大型拖拉机半车模型，计算了模型的参数，为大型拖拉机座椅半主动悬架系统阻尼器型号的选择和控制方法的研究提供理论基础与数据支持。

(2) 基于MRD的结构和工作原理，设计并开展了MRD非线性动力学特性试验，分析了阻尼力与控制电流、MRD活塞杆运动位移和速度间的非线性关系。针对MRD参数化模型辨识参数多、辨识精度低和辨识方法复杂的问题，提出了灵敏度分析和烟花算法相结合的参数辨识方法，建立了关于电流控制的Bouc-Wen简化模型（I-Bouc-Wen模型），使得待辨识参数减少了50%，提高了I-Bouc-Wen模型精度，为研究MRD在大型拖拉机座椅半主动悬架振动控制领域的应用奠定了理论基础。

（3）针对大型拖拉机座椅半主动悬架系统路面不确定性、车速不确定性以及簧载质量不确定性问题，提出了基于加速度驱动阻尼控制（acceleration driven damper control，ADDC）的区间二型模糊逻辑控制（interval type-2 fuzzy logic control，IT2FLC）方法，利用相平面法分析了模糊控制方法的稳定性。仿真结果表明，随着路面不平度水平的升高，座椅悬架垂向加速度RMS值和动挠度RMS值呈抛物线递增趋势；车速与垂向加速度RMS值和动挠度RMS值呈凹曲线关系，存在舒适性最佳的速度值；簧载质量与垂向加速度RMS值和动挠度RMS值呈线性关系；IT2FLC表现出了优越的减振性能。揭示了不确定性因素对系统振动特性及舒适性的影响规律，为复合自适应模糊控制的开发奠定了理论基础。

（4）提出了集IT2FLC、滑模控制、误差指定性能控制、自适应算法和模型参考相结合的复合自适应模糊控制方法，提高了系统应对模型不确定性和外部扰动的健壮性，利用李雅普诺夫第二方法证明了复合自适应模糊控制方法的稳定性。仿真结果表明，复合自适应模糊控制方法对冲击路面激励的减振效果显著。与被动悬架相比，座椅悬架垂向加速度RMS值降低了74.03%，动挠度RMS值减少了81.74%，大幅度降低了悬架动挠度，降低了“击穿”概率，提高了弹簧使用寿命，改善了乘坐舒适性。为大型拖拉机座椅半主动悬架系统的硬件在环仿真（hardware-in-the-loop simulations，HILS）验证和田间试验提供了技术支持。

（5）设计开发了基于Links-RT的大型拖拉机座椅半主动悬架HILS试验台，对座椅半主动悬架系统和复合自适应模糊控制方法的可行性和有效性进行验证。基于随机路面激励和冲击路面激励，对座椅半主动悬架系统进行了HILS测试。试验结果表明，复合自适应模糊控制方法较IT2FLC方法和被动悬架表现出显著的减振效果，降低了座椅垂向加速度，减少了悬架动挠度，降低了悬架冲击限位块的概率，提高了乘坐舒适性。验证了基于ADDC的IT2FLC方法和复合自适应模糊控制方法的有效性，检验了搭载MRD的大型拖拉机座椅半主动悬架减振性能的可行性，为半主动控制方法的实车应用奠定了基础。

上述研究成果是我们科研团队多年共同努力探索的结果，本书对上述部分研究成果进行了整理并加以出版。本书的研究成果得到了河南省科技攻关项目“大型拖拉机阻尼连续可调式座椅悬架系统控制技术与试验研究”（242102110360）和河南省重点研发专项“丘陵山地高性能拖拉机关键技术研发与示范应用”（231111112600）的大力资助。本书由中国一拖集团有限公司刘孟楠博士、河南工学院陈小亮博士和河南科技大学徐立友教授撰写，全书由徐立友教授统稿，其中，陈小亮博士撰写了约10万字。本书在撰写过程中引用了一些国内外期刊、文献资料，用以充实书中内容，在此向有关参考文献的作者表示感谢。

由于时间仓促，书中疏漏错误之处在所难免，敬请读者批评指正。

著 者

目 录
CONTENTS

第1章 绪 论

拖拉机是我国农业机械化重要装备之一，受制于技术和成本等因素，国产拖拉机减振装置简陋，长时间行驶与作业在土路和田间易产生剧烈的振动，严重影响驾驶员的身心健康。拖拉机振动主要通过座椅传递到人体，采用性能好、可靠性高、能耗低的座椅半主动悬架仍是目前主要研究热点。由于拖拉机座椅半主动悬架系统包含非线性和不确定因素，振动过程中易造成系统不稳定，严重影响舒适性。因此，建立合理的拖拉机座椅半主动悬架系统模型、简化并构建高精度变阻尼特性模型以及设计健壮性强的复合自适应模糊控制是解决这些问题的关键技术。

拖拉机是农业机械化生产中主要的动力机械，用于牵引和驱动各种农机具，完成耕种、运输等作业。2021 年，全球拖拉机销量约 200 万台，销售额约 3 500 亿元人民币，据预测；2022—2027 年，中国拖拉机销量以年复合增长率 7%持续增长。2022 年 8 月，我国拖拉机产量为 12 444 台，累计产量 71 535 台，与 2021 年同比增长 58.7%，累计增长 11.3%，当月产量和累计产量均大幅上涨。《中国制造 2025》《农机装备发展行动方案(2016—2025)》和“十四五”国家重点研发计划均对拖拉机的创新发展提出了具体要求，围绕高效化、绿色化、智能化技术发展需求，拖拉机整机向大功率、高速、低耗、智能协同控制的现代作业方式发展。随着我国城镇化水平的不断提高以及人民对日益增长美好生活的迫切需要，开发智能拖拉机、提高乘坐舒适性是我国农业机械化发展的趋势。

1.1 拖拉机悬架系统研究现状

拖拉机是能利用自身动力在地面上行走的一种动力机械，或者说拖拉机是一种机动车辆。拖拉机最显著的特征是有动力装置（内燃机或电动机），为自身行走提供动力，为带动或驱动农业机具提供动力；有行走装置，能在道路和田间地面上行走。但是，拖拉机的作用不同于汽车，它仅仅是一种能够自走和提供动力的机动车，没有农业机具（包括拖车）拖拉机不能完成任何作业，只有拖拉机与农业机具组成拖拉机机组后才能完成各种作业。拖拉机主要由动力系统（发动机）、底盘、动力输出与控制系统、驾驶室、电气系统等组成，如图 1-1 所示。发动机为拖拉机提供动力，它可以是内燃机（汽油机或柴油机)、蒸汽机、燃气轮机或者电动机。目前，内燃机（通常称为发动机）最为适用。其中，柴油机的燃油经济性比较好，对外界负载变化适应能力强，适于长时间在接近满功率条件下工作。因此，目前拖拉机使用的发动机几乎都是柴油机。随着电动汽车技术的发展和对排放要求的日益提高，特别是温室大棚的需要，电动拖拉机的应用也有了比较大的发展空间。底盘包括行走系、传动系、转向系、制动系，用于连接并支撑发动机和驾驶室，并悬挂连接动力输出装置。动力输出与控制系统包括液压悬挂系统、牵引装置等，用于连接农机具。电气系统包括蓄电池、启动系统、照明及信号系统、电子控制系统等。驾驶室用于包封驾驶员工作空间的装置，是驾驶员乘坐和操纵控制的空间，并为驾乘人员提供一定的舒适性和安全性工作环境的装置。

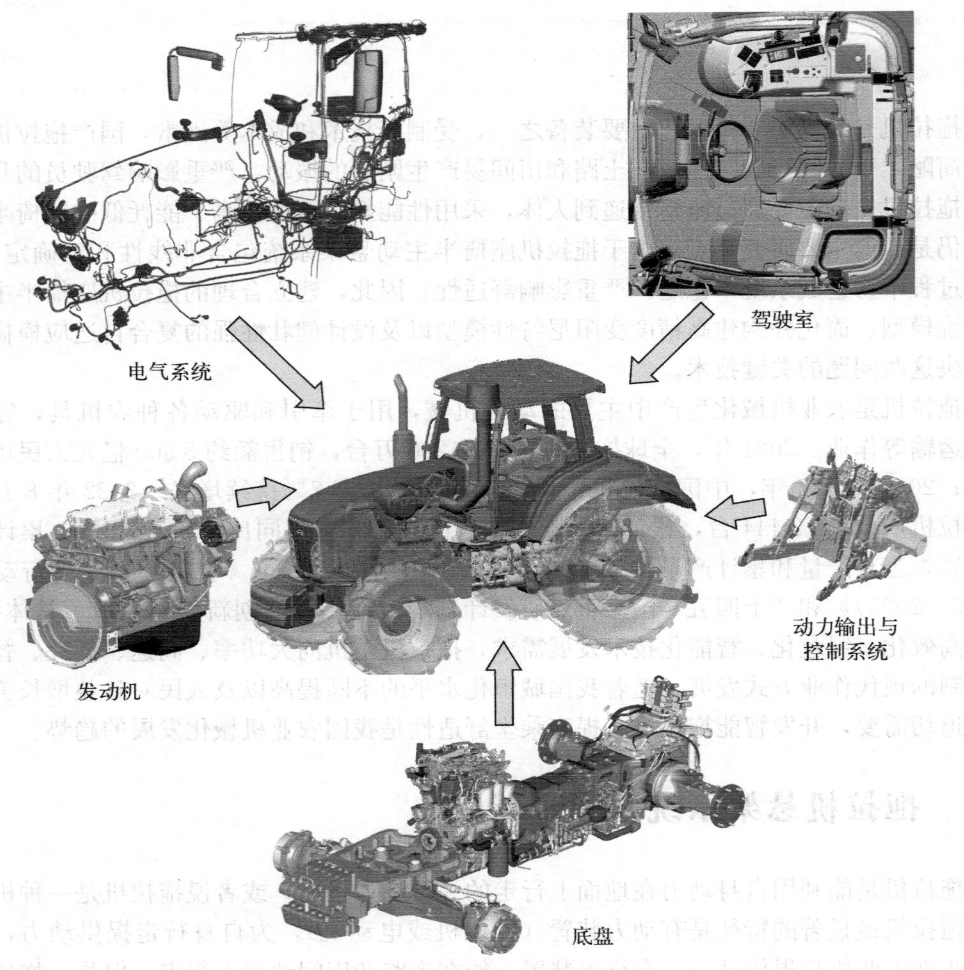

图 1-1　拖拉机基本组成

为了提高拖拉机的操纵稳定性，改善乘坐舒适性和行驶安全性，通常在前/后车轮与车桥之间、驾驶室与底盘之间、座椅基底与驾驶室之间安装减振装置，构成悬架系统。前桥悬架能够保证拖拉机在工作过程中前轮与地面时刻保持接触，从而增强拖拉机的转向稳定性，同时可以有效降低轮胎动载荷对土壤的压实作用，提高前桥的使用寿命。后桥悬架以及驾驶室悬架能够提高乘坐舒适性。座椅悬架直接与驾驶员接触，能够根据驾驶员身高调节座椅高度，并衰减通过驾驶室地板传递到人体的振动，提高乘坐舒适性。

在产品方面，国外拖拉机普遍配备了被动式悬架减振系统。捷克 Zetor 拖拉机的 Zetor Proxima 系列、Zetor Forterra 系列和 Zetor Crystal 系列的拖拉机均安装有前、后悬架系统，如图 1-2 所示。德国芬特拖拉机的 Fendt 300Vario 系列、Fendt 500Vario 系列、Fendt 700Vario Gen6 系列等拖拉机均安装有前桥悬架和驾驶室悬架，其中驾驶室悬架如图 1-3 所示，采用气弹簧作为减振元件。美国约翰迪尔（John Deere）公司的 5075 系列、5090 系列、5105 系列、5120 系列和 5130 系列均安装有空气弹簧座椅悬架，约翰迪尔的 6R 和 7R 系列拖拉机配备有 TSLII 型弹性悬架前桥与悬架自平衡控制系统，提高了拖拉机前轮与地面的接触效率。意大利纽荷兰公司的 T6 型拖拉机装配单缸悬浮式驱动前桥，

(a) 前悬架　　(b) 后悬架

图 1-2　捷克 Zetor 系列拖拉机前桥和后桥悬架系统

(a) 驾驶室悬架系统　　(b) 整机照片

图 1-3　芬特拖拉机驾驶室悬架系统

在限定行程内减振，保证了不同路况下整机牵引力最优。Sim 等采用液压-气动执行机构对拖拉机驾驶室悬架系统进行了研究，利用线性控制方式对液压-气动执行机构进行控制，实现了半主动控制效果，提高了乘坐舒适性。Massimiliano 等研究了前桥悬架对拖拉机振动特性的影响，数值分析结果表明，前桥悬架能够显著降低拖拉机的俯仰振动。

受国内高端农业机械研发水平及市场需求限制，国产拖拉机仍采用“无悬架”系统，或仅通过橡胶悬置对各个连接部件进行连接，拖拉机乘坐舒适性和操纵稳定性与国外先进水平差距较大。但国内高校对拖拉机悬架系统的理论研究较多，郑恩来等将油气弹簧应用于拖拉机前悬架，并将其安装在常发 CF700 轮式拖拉机，通过数值仿真和实车试验对拖拉机的振动特性进行分析，验证了多自由度模型的正确性，并优化出前桥悬架刚度和阻尼系数的最优匹配。聂信天等将弹簧-减振器元件与常发 CF700 轮式拖拉机结合，研究了驾驶室悬架系统的振动特性。徐锐良等通过数值仿真对拖拉机座椅悬架的振动特性进行了研究。

1.2 拖拉机座椅研究现状

座椅悬架与人体直接接触，能够有效衰减车辆传到人体的振动。我国拖拉机座椅悬架系统的研究，最早由赵六奇团队开展，分析了拖拉机振动特性与平顺性，主要集中在降低座椅悬架固有频率，避免共振方面。座椅悬架按照控制方式不同可分为被动悬架、主动悬架和半主动悬架三种典型结构，单自由度座椅悬架系统物理简化模型如图 1 - 4 所示，特性见表 1 - 1。

被动悬架系统是由阻尼和刚度固定不变的弹性元件和阻尼元件构成的悬架系统，如图 1 - 4(a) 所示。1886 年德国发明家卡尔·本茨发明并申请的世界上第一辆三轮汽车采用了以钢板弹簧为减振元件的被动悬架系统。被动悬架系统是发展时间最长、种类最多且应用最广泛的一种悬架系统，具有结构简单、性能稳定、成本低、易于安装维护和保养等优点。被动悬架系统参数不可调，只能在特定路况下获得最优的减振效果，当车辆行驶状态或路况改变时，接近被动悬架固有频率时会放大振动效果，使得车辆振动加剧，车辆平顺性和操纵稳定性变差。为了解决被动悬架的乘坐舒适性和操纵稳定性之间不可调和的矛盾，学者们提出了不同的解决方法。一种是设计并研究负刚度悬架系统，通过增加弹簧和改进悬架系统结构使得线性悬架系统具有非线性动力学特性，从而提高悬架系统特定频率范围的减振效果。另一种采用惯容-弹簧-阻尼（inerter - spring - damper，ISD）悬架结构，根据惯容器的蓄能作用实现被动悬架系统在低频范围的减振效果。惯容-弹簧-阻尼悬架结构新体系的提出，使理想天棚阻尼的被动实现成为可能。江浩斌等将惯容-弹簧-阻尼悬架结构应用于剪式座椅，改善了重型商用车辆座椅的减振性能，从而提高了驾驶员的乘坐舒适性。Ning 等设计和开发了一种电磁可变惯容器设备来对重型商用车座椅进行减振，该结构包括减速装置、可变阻尼装置和两个飞轮，此结构使得座椅悬架的频率加权均方根加速度值减少了 35.7%。虽然对被动悬架进行了不同形式改进，使得其在一定频率范围具有良好的减振效果，但这种形式的悬架系统没有反馈控制回路，悬架参数为常数，仅能被动响应。

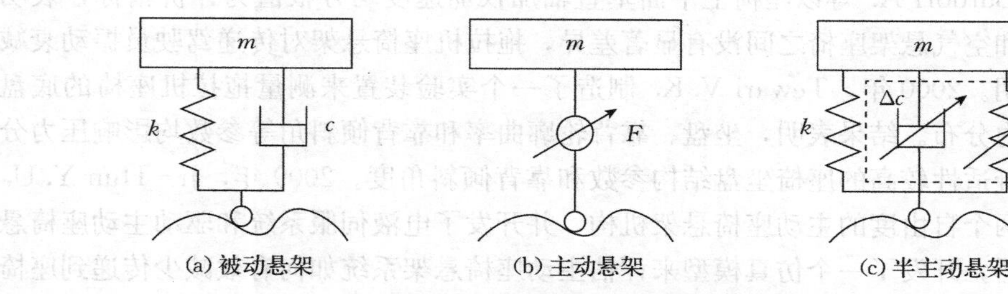

(a) 被动悬架 (b) 主动悬架 (c) 半主动悬架

图 1-4 单自由度座椅悬架系统类别

表 1-1 三种座椅悬架系统特性对比

特性	系统类别		
	被动悬架	半主动悬架	主动悬架
调节元件	被动减振器	阻尼可调减振器	作动器
作用原理	悬架 $k-c$ 特性固定	调节连接件间作用力	阻尼连续或有级可调
控制变量		c（阻尼系数）	F（力）
频响宽度		0～40 Hz	0～30 Hz
功率需求	无	低	高
结构复杂性	简单	一般	复杂
成本	低	中	高

主动悬架系统的做动力由一个依据控制条件产生任意大小和方向的力的作动器产生。图 1-4(b) 所示为作动器单独作用的主动悬架系统。用于主动悬架的执行器一般分为三类：电磁作动器、液压作动器和气动作动器。电磁作动器利用直线或传统旋转电机产生做动力，液压作动器利用液压伺服产生做动力，空气作动器利用空气弹簧产生做动力。不同形式的作动器对整车振动控制的实施以及车辆行驶性能和舒适性有着至关重要的影响。主动悬架系统同时兼顾了车辆的平顺性和操纵稳定性，是提高乘坐舒适性和操纵稳定性最有效的方法。但主动悬架需要高精度的传感器，且数量多，存在结构复杂、能耗高、成本高、可靠性低的缺点，很大程度上限制了其推广应用。

半主动悬架系统一般通过阻尼系数可调的阻尼元件或刚度可调的弹性元件对悬架系统进行调节控制，物理模型如图 1-4(c) 所示。半主动悬架性能介于被动悬架和主动悬架之间，仅需要输入少量的能量就能改变悬架系统的动力学特性，获得不亚于主动悬架的特性，且半主动悬架具有失效安全（fail-safe）的特点，当其能源供给失效时，半主动悬架降为被动悬架系统，仍能够继续工作。由于半主动悬架只能根据悬架振动情况被动调节阻尼力或弹簧力，不能主动输出控制力，控制效果不如主动控制理想，但半主动悬架较主动悬架具有结构简单、能耗低、成本低、可靠性强等优点，能够推广应用，受到越来越多的研究人员重视。

拖拉机座椅悬架减振性能涉及评价指标、控制策略方法和结构参数设计等方面，为更好地实现拖拉机座椅悬架减振性能，国外学者做了以下研究。

1993 年，Burdorf A. 等以座椅上平面垂直轴加权加速度均方根值为评价指标，表明传统悬架座椅和空气悬架座椅之间没有显著差异，拖拉机座椅悬架对传递驾驶员振动衰减具有一定的作用。2000 年，Tewari V. K. 制造了一个实验装置来测量拖拉机座椅的底盘和靠背上的压力分布。结果表明，坐盘、靠背轮廓曲率和靠背倾斜角等参数均影响压力分布，优化出了舒适性较高的座椅坐盘结构参数和靠背倾斜角度。2009 年，Ji - Hun Y. U. 等开发了具有两个自由度的主动座椅悬架机构，并开发了电液伺服系统和驱动主动座椅悬架系统的控制器，开发了一个仿真模型来评估主动座椅悬架系统如何有效减少传递到座椅底部的振动，使用开发的模型对主动座椅悬架进行了优化，提高了座椅悬架的减振性能。2010 年，Mehta C. R. 等分析表明拖拉机座椅中的缓冲材料在支撑操作员姿势、隔离振动和提高乘坐质量方面起着主导作用，通过选择合适的悬架和阻尼机构来实现拖拉机座椅的振动衰减，介绍了拖拉机坐垫材料的阻尼特性，以提高操作员的舒适度。2011 年，Zehsaz M. 等在不同的路况和前进速度下测量驾驶室和拖拉机后轴的垂直加速度，建立拖拉机驾驶室有限元模型，得到驾驶室内部的动力响应，通过比较从模型和测量中获得的加速度来计算悬架参数，最后通过迭代方法对悬架参数进行优化。2013 年，Melemez K. 等比较座椅悬架对传递给滑移拖拉机操作员的全身振动的影响，分别选择了无弹簧、带耦合弹簧、带多个弹簧的滑移拖拉机，研究表明，有弹簧的座椅悬架可以有效减少水平和垂直方向的振动，在滑移操作中使用带有气动或空气悬架系统的高成本座椅并不是必需的。2014 年，Gomez - Gil J. 等通过几何和实验分析研究了拖拉机座椅离地面高度对拖拉机驾驶员所承受的横向振动的影响，结果表明，拖拉机制造商可以通过降低拖拉机座椅离地面的高度来提高拖拉机的舒适度。2015 年，Gohari M. 等提出主动力控制方法，用于主动控制器上并使其更加精准，提高了主动座椅悬架控制的稳定性，成功地应用到了农业拖拉机座椅上。2017 年，Cvetanovic B. 等使用驾驶员座椅上的各种减振组件来降低振动，研究表明，作为减振器的垫子在犁耕作业比运输作业时减振效果更明显；Taghizadeh - Alisaraei A. 介绍分析了拖拉机和汽车座椅振动的现代方法，使用峰度和偏度方法来评估拖拉机座椅产生的振动信号，开发了一种创新模型来评估振动在振动强度和信号形式方面对操作员的影响，结果表明，独立考虑加速度均方根值（RMS）、振动剂量值（VDV）时不能很好地表示振动信号的差异，当使用所提出的方法作为比较基准时，可以高精度地显示振动信号之间的差异。2019 年，Singh A. 等采用田口 L27 正交振列对收获后稻田进行试验，利用响应面法（RSM）建立了线性和二次预测模型，研究了拖拉机前进速度、拉力和耕作深度等工况对全身振动的影响。

2021 年，Desai R. 等验证采用弹簧并联和阻尼器斜置布置方式的座椅悬架乘坐舒适性优于其他布置方式，该方案为座椅悬架模型设计提供了指导。2022 年，Maxiejewski I. 等以座椅悬架行程为约束，设计了基于主动有限时间滑模控制器，实施多目标控制策略，在主动力的有限值下，驾驶员舒适度有所提高。

综合国外学者的研究，国外学者在减少振动传递至拖拉机驾驶员研究中，认为座椅悬架是减少振动传递装置中必不可少的一部分，对座椅坐盘、靠背等结构参数进行了优化，分别研究了弹簧、阻尼器阻尼、座垫材料等结构对座椅悬架减振性能的影响。国外学者对拖拉机座椅悬架研究主要集中在主动和半主动控制方面，以加速度、悬架行程等为响应指标，优化座椅悬架性能参数，通过智能算法与控制策略相结合对座椅悬架刚度和阻尼进行控制，以达到座椅悬架系统对振动性能的衰减。

振动系统的力学模型研究对提升座椅悬架减振性能起着重要作用，合适的模型能够减少计算的复杂程度并准确表达振动的实际情况。选择适用于拖拉机座椅悬架减振系统和结构形式，能够节约拖拉机研发成本，提升舒适性能。座椅悬架刚度和阻尼是减振性能的主要影响因素，主动和半主动座椅悬架基于对座椅悬架刚度和阻尼进行控制，从而达到座椅悬架对振动的衰减。

1964 年，清华大学赵六奇把轮式拖拉机简化为两自由度振动系统，运用该系统振动微分方程分析拖拉机自由振动的特点，通过建立连续和单个不平度两种典型情况的计算方法，研究拖拉机座椅结构参数对振动的影响规律，提出改善轮式拖拉机平顺性途径。1982 年，叶元瑜应用单自由度振动力学模型，探明拖拉机座椅悬架系统中当弹簧刚度和阻尼器阻尼系数均可调节时，对提升乘坐舒适性有较大的帮助。1989 年，周一鸣等提出了座椅悬架垂直等效刚度可控软特性的设计，隔振效果好，适用于拖拉机悬架系统；杨坚采用等效线性化方法，求解 X 型非线性悬架系统微分方程，提出一种新的 X 型非线性座椅悬架，该悬架有效降低了拖拉机座椅悬架系统的固有频率，悬架系统参数可调，从而对不同体重的驾驶员能达到最佳匹配，有效衰减振动传递。1990 年，于跃荣等提出一种刚度和阻尼机械自动调节式拖拉机座椅悬架系统，以座椅上平面位移为调节信号，从而自动改变等效刚度和等效阻尼，实现座椅悬架参数与驾驶员体重的匹配。1991 年，邵万鹏等将专家系统的理论与方法引入驾驶座椅的研究设计中，研制出适用于农业拖拉机座椅设计的专家系统（ESDDSAV），此系统可以在静态和动态情况下自动绘图，解决了 CAD 策略无法针对农用座椅悬架模型做出准确设计问题。

2006 年，徐晓美等建立了一种剪式驾驶员座椅运动微分方程，得出座椅悬架的承载质量、悬架阻尼比对振动性能衰减具有较大的影响。2011 年，李帅等从定性角度分析了拖拉机座椅振动系统性能，得到弹性系数和阻尼系数及座椅悬架固有频率等振动性能参数，为拖拉机减振研究提供了支撑。2012 年，万伟等在拖拉机座椅上利用磁流变液阻尼器进行半主动减振，对磁流变液阻尼器设计进行了理论分析，并建立一种简单有效的设计方法。2015 年，王智慧建立了轮式拖拉机运输状态下减振系统数学模型，根据主动减振系统在运输状态下对农具进行分析，表明提出 PID（proportional - integral - differential，比例-积分-微分）和模糊 PID 控制策略减振效果明显。2016 年，徐锐良等构建了拖拉机动力学模型和磁流变阻尼器力学模型，分别采用时域和频域对拖拉机被动和半主动座椅悬架进行仿真，结果表明所构建的阻尼器模型及控制策略改善了座椅悬架的减振性能；水奕洁等推导了座椅悬架等效刚度和等效阻尼，讨论了座椅悬架结构的变化对系统响应的影响，所建立的理论模型为座椅悬架结构优化设计提供了分析模型。2017 年，杨飞等利用 ANSYS 仿真分析得出人体-座椅压力分布图，得到了适用于拖拉机座椅高舒适性的座椅形状设计方案。2019 年，王利娟等提出一种剪式座椅悬架振动特性分析方法，得出阻尼器倾角对座椅悬架减振性能影响明显，为剪式座椅悬架结构性能优化提供依据；方月提出一种磁流变阻尼器的自适应减振座椅悬架设计，以座椅加速度为信号对阻尼器电流大小进行控制，从而实时调节阻尼力的大小，有效提升了农用车辆座椅的减振效果；吴灿等建立了六自由度拖拉机-人体系统整车动力学模型，基于Simulink仿真模型进行结果分析，得出拖拉机座椅受垂直方向上的振动影响较大，其座椅舒适性有待改善。2022年，徐红梅等以拖拉机座椅靠背倾角、水平距离及垂直高度为参数，以竖脊肌、多裂肌、腹直肌及腹外斜肌激活程度为评价指标，分析研究座椅位置参数对驾驶员腰部肌肉生物力学特性的影响规律，确定座椅最佳位置参数。该研究为农机座椅位置参数优化提供了思路。

综合我国学者对拖拉机座椅悬架研究，国内学者建立了拖拉机振动系统理论模型，分析了适用于拖拉机座椅悬架的结构形式，论证了承载质量、弹簧刚度和阻尼器阻尼对减振性能的影响。学者们通过智能算法和控制策略改变座椅悬架结构参数，实现主动和半主动座椅悬架对振动的衰减。其中，吉林农业大学、华南农业大学、华中农业大学等高校对拖拉机座椅悬架减振进行了大量研究。南京农业大学朱思洪教授带领的团队，对拖拉机座椅悬架减振系统做了详细的研究，如王家胜、柳伟、刘委等以剪式座椅悬架为本体，构建附加气室空气悬架座椅振动系统，通过调节座椅悬架的刚度和阻尼值，提升座椅悬架的减振性能。

拖拉机不同于乘用车和载货汽车，其低速作业性质、使用场景及经济性决定了拖拉机必须具有可靠性、耐久性、廉价性等特点，从而限制了拖拉机舒适性和安全性的发展。乘坐舒适性主要反映的是“路-车-人”三位一体的评价理念，最终以驾驶人员的主、客观指标来评价。在不大幅度增加拖拉机设计难度和成本的条件下，改进座椅悬架系统的结构设计和控制方法来提高拖拉机乘坐舒适性是一种简单易行的措施。因此，本书主要以拖拉机座椅悬架系统为研究对象，基于MRD分析不同控制方法对半主动悬架系统的振动特性，为国产拖拉机乘坐舒适性的研究提供理论基础和技术支持。

1.3 拖拉机座椅半主动悬架系统

典型的拖拉机座椅悬架系统结构设计如图1-5所示，图1-5(a)的座椅能够前后和上下运动，占用驾驶室布置空间较大，用于结构简单、布置空间大的拖拉机。图1-5(b)和(c)为悬置式座椅，结构紧凑。图1-5(d)为剪式座椅，在农业机械和工程机械中应用较多。

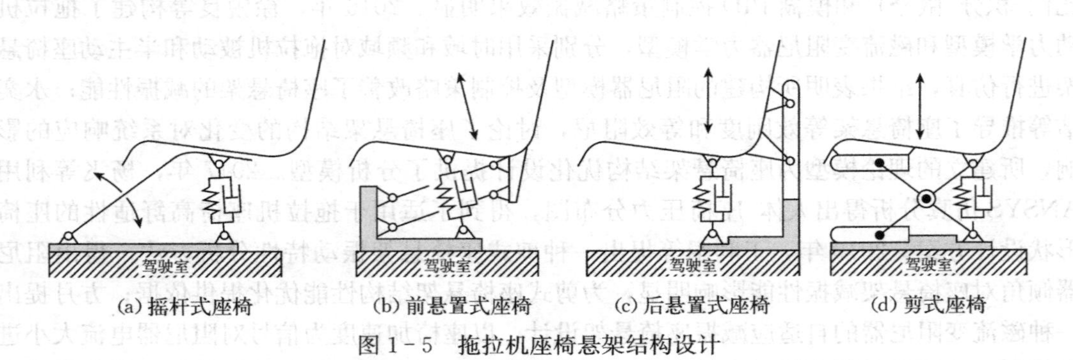

(a) 摇杆式座椅　(b) 前悬置式座椅　(c) 后悬置式座椅　(d) 剪式座椅

图1-5　拖拉机座椅悬架结构设计

将图1-5中四种被动座椅悬架系统进行改进，可得到变刚度或变阻尼的半主动悬架系统。

1.3.1 变刚度半主动悬架系统

变刚度半主动悬架主要采用油气弹簧和空气弹簧来实现。油气弹簧悬架通过油液和气体之间的相互作用实现刚度的非线性特性，同时液压的阻尼作用能够实现悬架系统振动能量的快速衰减。空气悬架系统在载货车辆、客车、工程车辆和农业机械中研究应用较多，具有结构简单、易于实现、成本低廉的特点，通过调节橡胶气囊内气压的大小即可改变弹簧刚度系数。空气悬架的刚度可随车辆的载荷、行驶速度以及工作状态进行调整，以获得良好的悬架固有频率来提高车辆的平顺性，还能够调节车身或座椅的高度，以适应不同车身重量或人体质量。

郑恩来等致力于研究油气悬架系统对拖拉机振动特性的影响，将油气弹簧应用于拖拉机前轴，通过仿真和试验验证了前轴能够提高拖拉机操纵稳定性，但会降低驾驶员的平顺性。孙建民结合油气悬架系统的特点，采用快速幂次趋近律的模糊滑模控制方法进行控制，从而有效提高了工程车辆的行驶平顺性和驾驶舒适性。朱思洪等对带附加气室空气悬架剪式座椅的振动特性进行了研究，主要集中在座椅悬架固有频率与节流孔开度大小之间的非线性特性。陈俊杰等设计了囊式空气弹簧，通过对橡胶气囊力学特性分析，建立了变刚度模型。

变刚度半主动悬架系统具有刚度低、质量轻、噪声低、高度可调的特点，但对弹性元件的刚度控制比较困难，易因密封不良和磨损而漏气，且精度及实时性较差。

1.3.2 变阻尼半主动悬架系统

变阻尼半主动悬架系统采用阻尼可调的减振器作为执行元件，根据控制方法对悬架系统的能量进行耗散，进而达到减振的目的。为达到半主动阻尼控制的目的，常采用以下三种能量耗散装置来获得所需的阻尼：伺服/电磁阀阻尼器、电流变/磁流变阻尼器和电磁阻尼器。

1.3.2.1 伺服/电磁阀阻尼器

伺服/电磁阀阻尼器通过伺服阀或电磁阀调节液压减振器阀孔的横截面积来实现。阀式执行器应用于半主动阻尼器需要具备以下特性：①阀的开度必须满足阻尼器最大速度时的行程要求；②阀体承受的最大压力必须能够承受阻尼器两端的压力；③可控阀的响应必须足够快，才能满足半主动悬架对阻尼特性的要求。Graczykowski和 Faraj 基于识别的预测控制对伺服阀阻尼器受到冲击激励情况下阻尼器的动力学特性进行了研究，该阻尼器由一个调节阀和一个液压执行器组成。电磁阀阻尼器利用电磁原理控制阀体的开关频率，从而实现阻尼器阻尼系数大小的调节。电磁阀没有伺服阀快速响应和精确性的能力，但电磁阀设计简单、成本低和加工容易，能够优化设计阻尼器的行程、阻尼力和包装。

1.3.2.2 电流变/磁流变阻尼器

新型智能材料电流变液（electrorheological fluid，ERF）和磁流变液（magnetorheological fluid，MRF）的成功研制及其在减振器中的应用，使得变阻尼半主动悬架系统的研究和设计向着新的方向快速发展。电流变/磁流变阻尼器是一种液压阻尼器，由一个液压缸组成，液压缸中填充有电流变或磁流变流体（通常是油），这些流变液体中添加有可极化的微小颗粒。ERF 和 MRF 是非牛顿流体，在电场或磁场的作用下会改变其性质。悬浮在载液（水、石油基油或硅基油）中的微米级铁粒子沿着电场或磁场的通量线排列成链状结构，从而改变流体的流变特性。当暴露在电场或磁场中时，电流变/磁流变材料能够在几毫秒内从自由流动的黏性流体转变为半固态。电流变/磁流变阻尼器的机械性能非常可靠，因为它们不包含任何移动部件。

ERF 和 MRF 的性能表现不同，如表 1-2 所示，ERF 工作电压高，对杂质和温度敏感，屈服应力小，响应速度与工作温度有关且仅在特定温度范围有较高的响应速度，从而限制了 ERF 的工程应用。为了提高 ERF 和 MRF 的动力学特性，Chaichaowarat 和 Padma 将纳米颗粒应用于场域，从而提高了阻尼器的整体性能。Chin 等将纳米级的磁性颗粒（$Co-\gamma-Fe_2O_3$ 和 CrO_2）作为添加剂，提高了磁流变液的沉降稳定性。Han 等合成了一种核/壳结构的 Fe_3O_4 复合纳米聚合颗粒材料。该材料具有软磁性能、更强的密度适应性和更高的稳定性，提高了 MRF 的沉降稳定性。

表 1-2　电流变液与磁流变液特性比较

特性	电流变液	磁流变液
最大屈服应力	2～10 kPa	50～100 kPa
供给电压	2～5 kV	2～25 V
杂质敏感性	敏感	不敏感
密度	1 000～2 000 kg/m³	3 000～4 000 kg/m³
响应时间	毫秒级	毫秒级
温度范围	10～90 ℃	−50～150 ℃
最大场强	4 000 kV/m	250 kA/m
耗能	1 000 J/m³	1×10^5 J/m³
控制电流	1～10 mA	1～2 A
成本	低	高

磁流变阻尼器工作电压低，与车辆匹配电压一致，不需要进行变压；响应快，在 10 ms 左右；剪切屈服强度高，是电流变液的 25～50 倍；可调范围广，工作稳定可靠；设备制备简单，体积小。因此，磁流变阻尼器已成为研究和应用的热点。芮筱亭等对自制的磁流变阻尼器的动力学特性进行了深入的研究，结合试验数据提出了不同的磁流变阻尼器动力学模型，并验证了模型的准确性和有效性。Jiang 等将设计的磁流变阻尼器应用于六自由度振动平台中，并通过开关半主动控制策略对振动平台进行仿真分析和试验验证，验证了磁流变六自由度振动平台可以有效降低通过平台传递到隔离系统的振动。孟小杰等将 MRD 应用于座椅减振系统，对座椅半主动悬架系统的振动特性进行了仿真分析。朱洪涛等研究了 MRD 的动力学特性，建立了其数学模型，并应用于剪式座椅悬架系统，通过与空气弹簧并联，实验验证了半主动控制效果的有效性。Sy Dzung Nguyen 对自制的智能阻尼器——磁流变阻尼器的动力学特性进行试验分析，并提出了不同的半主动控制方法，通过台

架试验验证了半主动控制的有效性和MRD的稳定性，为MRD的推广应用奠定了理论基础。

1.3.2.3 电磁阻尼器

电磁阻尼器利用具有磁场的永磁体或电磁铁与运动线圈之间的相互作用实现变阻尼特性，电磁阻尼器具有失效保护功能，当线圈短路或连接到外部电阻时，成为线性机械阻尼器。通过改变外部电阻或磁场强度实现阻尼力大小的调节。由于有效阻力可以通过电控方式迅速变化，电动执行器可以在车辆或隔振悬挂系统中充当半主动阻尼器。Amjadian 等研究了一种磁固阻尼器（magneto－solid damper，MSD），该电磁阻尼器包括一个铁磁性板，两个平行放置在铁磁性板两侧的铜板，以及放置在铁磁性板和两个铜板之间的永磁体平面阵列；通过永磁体的运动，产生涡流阻尼力，低频下涡轮阻尼力与运动速度呈线性关系；通过改变永磁电机的排列来增加涡流阻尼系数，可以进一步提高涡流阻尼部分和阻尼器本身的耗散能力。Sun 等提出了一种混合式可调谐阻尼器，主要由磁铁、线圈和分流电路组成，磁铁和线圈之间的相对运动产生电动势，通过改变外部阻力来改变阻尼系数。

电磁减振器具有结构紧凑、质量轻、控制简单、拆卸便捷的优点，受到越来越多减振器供应商和汽车公司的重视，常应用于即将推出的新产品和概念车。但电磁阻尼器的高成本是推广应用的障碍。

综合考虑半主动执行单元的结构、成本和性能，本文采用 MRD 对拖拉机座椅悬架进行匹配，研究 MRD 的动力学特性与控制电流的关系，建立 MRD 参数化模型，分析搭载 MRD 的拖拉机座椅半主动悬架系统的不确定性对系统振动特性及舒适性的影响规律，进而设计具有较强健壮性的半主动控制方法。

1.4 拖拉机座椅半主动悬架控制方法

路面不平度产生的机械振动最终通过座椅传递到人体，基于座椅悬架系统进行结构改进设计和控制方法研究，能够较直观地获得悬架系统的振动特性，实现乘坐舒适性的改善。因此，研究座椅悬架系统的减振特性，对降低路面传递到人体的振动、改善车辆乘坐舒适性和操纵稳定性有重要的作用。特别是半主动控制自身优越的特性，将其与座椅悬架相结合，受到越来越多研究人员的重视，从而产生了不同结构的座椅半主动悬架系统，以及多种多样的半主动控制方法。

座椅半主动悬架控制系统结构和原理如图 1－6 所示，包括传感器测量系统、座椅悬架系统控制器、半主动控制系统、电源系统等。路面激励信

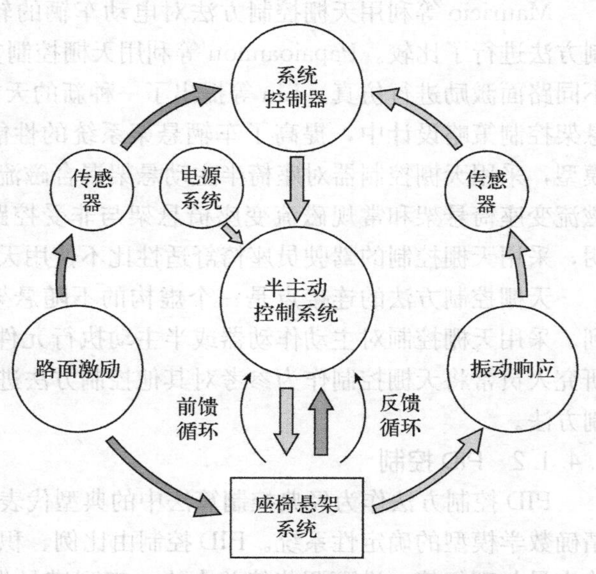

图 1－6 座椅半主动悬架控制系统结构和原理

号通过悬架传递到人体，传感器实时测量出座椅悬架系统的振动响应参数，再由系统控制器计算出需求阻尼力，经半主动控制系统获得变刚度或变阻尼信号，对座椅半主动悬架系统进行前馈或反馈控制，从而获得理想的乘坐舒适性。

系统控制器对半主动悬架系统性能影响至关重要，而设计控制器实质上就是设计控制算法，其对控制效果的优劣起到关键性作用。采用不同的控制方法，获得的控制效果也不一样。迄今为止，控制方法由经典控制发展到现代控制，随着计算机技术的迅速崛起，智能控制得到快速发展。同时，为了获得更优的控制效果，单一的控制方法已无法满足要求，越来越多的复合控制方法受到关注，并提出了多种控制方法相结合的复合控制方法，解决了单一控制方法的一些缺陷。

1.4.1 单一控制方法

单一控制方法简单便捷，能够直接对设计目标进行控制。单一控制方法研究较为广泛，早期对车辆悬架系统的控制常采用单一控制方法对其进行设计，以达到车辆平顺性和操纵稳定性的要求。1974 年，Karnopp 提出天棚控制方法，并将其应用于半主动悬架系统。1922 年，美国 N. Minorsky 提出了 PID 控制方法，在目前工业领域应用最为广泛；进而发展出非线性控制方法，如滑模变结构控制、模型预测控制等现代控制方法，以及神经网络控制、模糊控制、机器学习控制等智能控制方法。

1.4.1.1 天棚控制

天棚控制的原理是设计一个可调阻尼器将悬架和天空（惯性参考点）“连接”起来的控制方法，以减少振动能量的垂向传递，提高乘坐舒适性。天棚控制主要降低簧载质量加速度和动挠度，从而获得最佳减振效果。天棚阻尼控制是一种理想半主动控制，但无法在实际控制中实现。常作为参考模型实现最佳运动状态的跟踪。天棚控制设计简单，易于仿真和阻尼切换快，常被用作基准控制方法来比较其他控制方法的优劣。

Mauricio 等利用天棚控制方法对电动车辆的轮边半主动悬架进行研究，并与不同控制方法进行了比较。Papaioannou 等利用天棚控制方法对 1/4 半车模型进行控制，并通过不同路面激励进行仿真。Liu 等提出了一种新的天棚控制通用理论，并将其应用于半主动悬架控制策略设计中，提高了车辆悬架系统的性能。Munyaneza 等结合人体生物动力学模型，采用天棚控制器对座椅半主动悬架混合磁流变阻尼器进行控制，将可控半主动混合磁流变座椅悬架和常规磁流变座椅悬架与非受控路面激励系统进行了仿真比较。结果表明，采用天棚控制的驾驶员座椅舒适性比不使用天棚控制的情况有明显提高。

天棚控制方法的连接点是一个虚构的不随悬架系统运动而改变的点，现实中无法找到。采用天棚控制对主动作动器或半主动执行元件进行控制，无法达到理论的减振效果。研究人员常将天棚控制作为参考对其他控制方法进行改进设计，从而提出了大量的优化控制方法。

1.4.1.2 PID 控制

PID 控制方法作为经典控制算法中的典型代表，是一种传统的控制技术，适用于建立精确数学模型的确定性系统。PID 控制由比例、积分和微分环节 3 个环节构成，比较实际输出量与理想值，进而调节偏差大小，直到满足设定的要求。参数的整定是 PID 控制设计的核心，PID控制具有算法简单、健壮性强、易于操作、可靠性高等优点，在工程实践中得到了广泛应用，90%的工业控制过程使用PID控制器和相应的改进控制器。

目前，PID控制在悬架的应用上较为成熟。张裕晨等采用PID控制器对悬架进行控制，结合正交实验法对PID的三个参数进行整定，数值分析了PID控制方法的可行性。宋森楠在MATLAB/Simulink中搭建系统的仿真模型，分别输入不同路面信号得到有或无PID控制的拖拉机座椅半主动悬架系统参数值，试验结果表明PID控制的主动座椅悬架可以提高驾驶员乘坐舒适性。

由于实际工程控制具有时滞性、非线性和参数不确定性，使得基于精确模型的PID控制很难获得理想效果，往往需与其他控制或智能优化算法结合才能达到最佳效果。

1.4.1.3 滑模控制

滑模控制是滑模变结构控制中的一种，通过控制量的切换使系统状态沿着预定“滑动模态”的状态轨迹运动，使系统在受到参数摄动和外界干扰时具有不变性，这种特性使得滑模控制受到各国学者们的重视。滑模控制适用于确定系统与不确定系统、线性系统与非线性系统等，具有方法简单、易于实现、对模型参数的不确定性和外界干扰具有高度健壮性等特点。

吕振鹏等采用滑模控制对含人体模型的五自由度座椅半主动悬架系统进行控制，在C级路面上对其进行仿真分析，并与PID控制进行比较，结果表明座椅悬架振动加速度得到显著下降。Soosairaj等采用滑模控制器对三自由度的座椅悬架进行仿真，在时域对一阶滑模控制和二阶滑模控制进行比较分析。相对于传统的滑模控制，通过引入螺旋函数和切换函数提出了移动滑模面，此方法可提高滑模面的健壮性，减小到达滑模面的时间。逯成林采用滑模控制对整车七自由度模型进行控制，通过仿真分析了滑模控制方法对行驶平顺性的影响，结果显示滑模控制方法能够有效抑制车辆的振动，改善乘坐舒适性。

滑模控制对非线性和不确定性系统具有较强的健壮性，但以控制量的高频抖振为代价实现对系统参数摄动和外部扰动的不变性。高频抖振容易激发系统的未建模特性，从而影响系统的控制性能，因而如何消除或削弱抖振成为研究滑模控制的重点。

1.4.1.4 模糊控制

模糊数学和模糊控制最早由查德（L. A. Zadeh）提出。1974年E. H. Mamdani教授首次将模糊控制应用于锅炉和汽轮机的运行控制。模糊控制属于智能控制，根据人类的语言特点，模仿人的思维判断模式对系统进行控制，以达到期望的效果，从根本上解决了经典控制和现代控制理论在不确定、复杂系统应用中的困难问题。

模糊集（fuzzy sets，FSs）的概念由Zadeh教授于1965年首次提出，用来表示不确定系统参数。然而，在现实世界的许多系统中，不确定性的出现是由多种原因造成的，如多个专家给出的意见不一致、难以找到合适的隶属函数及噪声来源多元化等。在这种情况下，一型（type-1，T1）或传统FSs的不确定性建模能力相当有限。由于上述影响因素，Zadeh在1975年提出了高阶FSs型的概念。之后的十多年，这类FSs很少受到科学界的关注。从1997年开始，相当多的研究者开始研究二型（type-2，T2）FSs，更确切地说，是区间二型模糊集（interval type-2 fuzzy sets，IT2FSs），并发展出了一个坚实的理论基础，引起了学术界的关注。区间二型模糊逻辑系统（interval type-2 fuzzy logic system，IT2FLS）总是会产生比一型模糊逻辑系统（interval type-1 fuzzy logic system，IT1FLS）更好（或至少相等）的性能。区间二型模糊控制（IT2FLC）可以直接处理非线性问题的不确定性和干扰，受到越来越多研究人员的重视。

Tang等研究了一种基于状态观测器的Takagi-Sugeno T1模糊控制器，将其应用于座椅悬架上，以电流变阻尼器为执行单元，通过仿真分析和实验验证，并与天棚控制方法对比，验证了所提的模糊控制方法能够提高座椅半主动悬架系统的性能。吴旺生等将T1模糊控制算法引入半主动悬架的控制系统中，建立了四自由度车辆半主动悬架的数学和仿真模型，并利用MATLAB的模糊逻辑工具箱设计了半主动悬架模糊控制器。寇发荣等将T1模糊控制方法应用于一种新型的电磁混合动力悬架系统中，通过对悬架动力学性能和馈能特性进行仿真分析和台架试验，验证了所提的T1模糊控制的有效性。Aliasghary等将单输入区间T2型分数阶模糊（SIT2FOF）控制器应用于电力系统自动电压调节器的控制问题和久保田M110X拖拉机主动悬挂系统，并与T1模糊控制进行了比较，结果表明，单输入区间T2模糊（SIT2F）集减少了计算工作量和调整参数的数量，且SIT2FOF控制技术可以更有效地处理外部干扰和模型不确定性。Xie等研究了T2FLC在具有执行器饱和和时滞特性的不确定非线性悬架系统的控制效果，以1/4车辆悬架模型为控制对象，通过数值仿真和试验测试验证了T2FLC的稳定性。

模糊控制的健壮性较好，但依赖人的经验知识，且隶属度函数的选择和模糊控制规则的数量对系统影响较大。

1.4.2 复合控制方法

经典控制方法、现代控制理论和智能控制方法等单一控制方法由于自身适应范围和理论特点，在仿真和实际应用中未能获得最优的控制效果，从而暴露出原有控制理论的一些不足。因此，将经典控制方法、现代控制方法及智能控制方法中的两种或两种以上控制原理相结合构成一种新的复合控制方法，成为获得更佳控制效果追逐的热点。

在座椅半主动悬架控制方面，为了获得更好的减振效果，将传统的控制方法如PID控制与智能控制的模糊控制相结合，形成模糊PID控制；将智能优化算法应用于传统的自适应控制，并与其他控制方法相结合形成一种新型的自适应复合控制；将模糊控制与滑模变结构控制相结合形成模糊滑模复合控制方法。复合控制方法组合形式多种多样，控制效果变化不一，需要根据具体的系统特点进行选择和对比。

1.4.2.1 模糊PID控制

由于PID控制工业应用广泛且参数调整方法成熟简单，以及模糊控制的非线性和实时性强，在半主动控制系统中应用普遍。Hu等采用模糊PID复合控制方法对集成了磁流变阻尼器的1/4车辆模型半主动控制悬架系统进行仿真分析，通过与不同控制方法的比较，验证了模糊PID复合控制方法在随机路面激励下车辆悬架系统能够获得较好的性能。Jain等研究了模糊PID控制方法在八自由度的1/4车辆-座椅-人体模型的振动机理，其座椅悬架系统采用二自由度的磁流变阻尼器悬架结构，分别分析了半主动座椅悬架系统在冲击激励和随机路面激励下人体头部较被动座椅悬架系统的加速度振动响应。Chen 等利用模糊 PID 控制对搭载磁流变阻尼器的座椅悬架系统的振动特性进行了研究，结合 1/4 车辆模型分析了半主动座椅悬架系统在 D 级路面和冲击路面激励条件下的座椅加速度和悬架动行程。仿真结果表明，模糊 PID 控制较单一 PID 控制显著提升了乘坐舒适性和操纵安全性。Mohammadikia 等比较分析了 T1 模糊 PID 控制、T1 分数阶模糊 PID、T2 模糊 PID 和 T2 分数阶模糊 PID 控制方法对拖拉机驾驶室悬架振动特性的影响，结果表明，T2 分数阶模糊 PID 控制方法较其他控制方法具有更强的抗道路干扰能力。

1.4.2.2 集成智能算法的复合控制

随着计算机硬件和软件不断更新换代，数字计算能力得到飞跃发展，智能优化算法如差分进化算法、遗传算法、粒子群算法、萤火虫算法、灰狼算法和鲸鱼算法等得到快速应用，成为解决传统系统辨识问题的新方法。这些智能算法越来越多地被应用到半主动悬架控制中，日益成为提高车辆平顺性和稳定性的研究热点。

Ab Talib 等研究了一种先进萤火虫算法的智能优化器来计算半主动悬架系统的 PID 控制器的性能，并将其与经典萤火虫 PID 控制方法、粒子群优化 PID 控制、Skyhook 控制和被动系统进行了比较分析，仿真结果表明所提的先进萤火虫 PID 控制能够显著提高乘坐舒适性。Ab Talib 等采用智能优化算法的粒子群算法、经典萤火虫算法和改进萤火虫算法对模糊控制器输入和输出参数进行寻优设计，以调节车辆悬架能够适用于任何干扰作用，并比较分析了三种不同智能算法的模糊控制方法对悬架的簧载加速度和簧载位移的响应，进一步验证了改进萤火虫模糊控制对提高半主动悬架系统振动特性影响效果显著，且所提的智能控制方法计算快、收敛快、效能高。Yong 等提出了一种强化学习的复合控制方法，该复合控制具有自主学习能力，能够根据脉冲探测器和车速选择软作动模式(soft actor - critic，SAC)或天棚控制模型，此切换学习系统可以连续地实时识别不同的道路扰动剖面，这样就可以相应地学习和应用适当设计的 SAC 模型，通过整车仿真和实车试验证明了所提的集成智能算法复合控制方法的有效性，能够改善车辆的乘坐舒适性和操纵稳定性。

集成智能算法的复合控制方法能够获得最优的控制参数或基于自我学习选择最佳的切换模式，但该控制方法对硬件要求较高，计算量大，成本高。

1.4.2.3 模糊滑模控制

模糊控制能够实时有效地处理不精确系统模型和不准确传感器读数，而滑模变结构控制具有响应快、健壮性好和可靠性高的特点，将两种控制方法相结合形成一种复合控制方法，能够弥补单一控制方法的不足，获得响应快、抗干扰能力强、健壮性好的特点。

Han 等设计了一种复合控制器，该控制器由 IT2 模糊模型、滑模变结构控制器和自适应控制器组成，并将其应用于磁流变阻尼器的座椅悬架振动控制，使用李雅普诺夫第二定律判断了所提复合控制的健壮性，最后通过仿真分析了两种不同路况下座椅半主动悬架的振动特性。吕振鹏等对模糊滑模控制器的趋近律进行了改进，仿真分析了含人体模型的五自由度座椅半主动悬架系统在 C 级路面和冲击工况下的振动性能，通过与 PID 控制比较验证了所提的模糊滑模控制器的有效性。Shin 等研究了自适应模糊滑模控制对座椅半主动悬架系统振动特性的影响，通过仿真和试验验证了所提复合控制方法的健壮性，该控制方法能够使得座椅半主动悬架系统提高较好的乘坐舒适性。I－Hsum Li 提出了一种并行型自适应 IT2 模糊滑模控制器，分别用于调节车身高度和降低加速度，并搭建了试验台对所提复合控制方法进行验证，结果表明所提控制方法能够显著降低车身振动，提高乘坐舒适性。

研究表明，复合控制方法更适用于车辆座椅半主动悬架这种非线性、时滞性、不确定性的复杂系统，是半主动悬架控制研究的趋势。特别是区间二型模糊控制方法能够直接处理自身不确定性问题的能力，与其他控制方法相结合形成复合自适应模糊控制，使得控制系统处理模型不确定性和外界扰动时表现出了较强的健壮性。

1.5 本书主要内容

本书以拖拉机座椅半主动悬架为研究对象，针对搭载 MRD 的座椅半主动悬架系统振动控制中的关键问题，面向乘坐舒适性，综合应用车辆动力学理论、振动与控制理论、智能优化算法和建模方法，设计复合自适应模糊控制方法，采取仿真和试验相结合的方法验证控制方法的有效性和可行性，为拖拉机座椅半主动悬架系统控制理论的深入研究和智能座椅悬架减振系统的应用奠定基础。

1.5.1 拖拉机座椅半主动悬架系统设计方法

分析拖拉机座椅悬架系统乘坐舒适性及其约束条件，量化拖拉机座椅半主动悬架控制方法评价标准。对现有的农业机械路面不平度水平相关文献资料进行归纳总结，重构拖拉机行驶和作业时的随机路面激励模型和冲击路面激励模型。基于国内某型号的拖拉机驾驶室空间布置结构及带犁田间行驶工况，设计座椅半主动悬架，建立集成座椅半主动悬架系统的拖拉机半车模型，计算半车模型参数。

1.5.2 拖拉机座椅半主动悬架变阻尼特性建模

基于 MRD 结构和工作原理，设计并开展 MRD 非线性动力学特性试验，分析阻尼力与控制电流、MRD 活塞杆运动位移和速度间的非线性关系。基于试验数据和参数化模型，采用灵敏度分析和智能优化算法相结合的参数辨识方法，进行参数化模型的简化和辨识；通过数据拟合的方法，建立关于电流控制的 Bouc－Wen 简化模型（I－Bouc－Wen 模型）；通过与试验数据的对比，分析 I－Bouc－Wen 模型的精度。

1.5.3 拖拉机座椅半主动悬架模糊控制效果分析

采用加速度传感器和区间二型模糊控制相结合的方法，对拖拉机座椅半主动悬架系统的不确定性进行分析。不确定性分析包括不同等级的随机路面激励和冲击路面激励作为路面扰动对系统模型振动响应、不同车速在确定路面上直线行驶对系统模型振动响应以及座椅悬架簧上质量的变化对系统模型振动响应。以舒适性为目标，仿真分析不确定性因素对系统振动特性及舒适性的影响规律。

1.5.4　拖拉机座椅半主动悬架复合自适应模糊控制

对滑模控制方法、误差指定性能控制方法、自适应算法和模型参考控制方法进行研究，理论推导出一种集IT2FLC、滑模控制、误差指定性能控制、自适应算法和模型参考相结合的自适应模糊控制方法，利用李雅普诺夫第二方法对系统稳定性进行证明。将复合自适应模糊控制器应用到集成座椅半主动悬架系统的拖拉机半车模型，仿真分析复合自适应模糊控制方法对拖拉机座椅半主动悬架系统振动特性的响应。

1.5.5　拖拉机座椅悬架系统硬件在环验证

基于Links－RT设计开发拖拉机座椅半主动悬架的硬件在环仿真（hardware－in－the－loop simulations，HILS）试验台。在随机路面激励和冲击路面激励下，对座椅半主动悬架系统进行HILS测试，验证控制方法的有效性，检验搭载MRD的拖拉机座椅半主动悬架减振性能的可行性。

第 2 章　拖拉机座椅半主动悬架系统设计方法

拖拉机是一个多自由度非线性高度集成系统，轮胎、底盘悬架、驾驶室悬置和座椅都存在弹簧刚度、库仑阻尼和摩擦等非线性因素，在路面不平激励作用下，整车动力学系统表现出复杂的非线性行为，导致拖拉机振动加剧，影响驾驶员的乘坐舒适性和操纵稳定性。采用集中质量法建立拖拉机犁耕行驶工况多自由度动力学模型是进行半主动控制方法研究的前提和基础。

2.1　拖拉机座椅悬架系统振动特性分析

振动的频率、强度和持续时间对人体生理影响关系密切。长时间处于低频振动环境中，不仅会引起疲劳，还会使人体与外界产生共振或谐振的可能，从而影响驾驶员的身心健康。因此，对悬架系统乘坐舒适性及其约束条件进行量化分析，是拖拉机座椅悬架系统振动特性研究的基础。

2.1.1　乘坐舒适性分析

乘坐舒适性与拖拉机驾驶员所承受的振动加速度正相关，加速度的大小直接影响乘坐舒适性的效果。人体作为一个多自由度振动系统，振动加速度的幅值、频率和方向均对舒适性有影响，而且根据个体身心状态不同，个体对振动的敏感程度存在差异。GB/T 13441.1—2007《机械振动与冲击 人体暴露于全身振动的评价 第 1 部分：一般要求》和 ISO 2631—1：1997(R2018) 均提供了车辆对人体舒适性影响的测量、评估和计算方法。可以用加速度功率谱密度（power spectral density，PSD）、迈斯特图（meister chart）和舒适度对拖拉机座椅乘坐舒适性进行量化分析。

2.1.1.1　加速度功率谱密度

加速度功率谱密度是加速度信号的功率含量与频率的关系。它通常用于描述随机带宽信号。加速度功率谱密度可以作为平顺性评价指标，用于确定座椅悬架簧载质量的加速度频率成分。关于加速度的 PSD 函数 $G(f)$ 表达式为

$$\begin{cases} G(f) = \dfrac{1}{N_d}\left| a(k) \right|^2 \\ a(k) = \displaystyle\sum_{n=0}^{N_d-1} a_n \exp\left(-\mathrm{j}\,\frac{2k\pi n}{N_d}\right) \end{cases} \tag{2-1}$$

式中，$a(k)$ 为加速度信号的离散傅里叶变换值；a_n 为离散加速度；$G(f)$ 为加速度 PSD；$k=0$，1，2，…，N_{d-1}，N_d，为测点数。

2.1.1.2 迈斯特图

迈斯特图用于表示垂直振动方向上加速度的均方根和频域之间的关系。人体垂向振动敏感范围为4～8 Hz，因此，所设计的座椅半主动悬架结构和系统控制方法应能够有效控制此范围的垂向振动加速度。ISO 2631—1：1997(R2018) 采用加权曲线来修正迈斯特图中加速度的均方根，具体表达式为

$$a_{\mathrm{RMS}}(i)=\sqrt{\int_{f_{\mathrm{lower}}}^{f_{\mathrm{upper}}} W(f)^2 G(f)\mathrm{d}f} \tag{2-2}$$

式中，a_{RMS}表示加权加速度的均方根值；f_{lower}为1/3倍频程带宽的下限；f_{upper}为1/3倍频程带宽的上限；$W(f)$ 为加权曲线；$i=1$，2，3，…，20。

2.1.1.3 舒适度

舒适度采用加权加速度进行评价。对于座椅系统振动的评价，常采用时域振动加速度、加速度均方根值、频域加权加速度均方根值及三向加权加速度均方根值。GB/T 13441.1—2007 和 ISO 2631—1：1997(R2018) 推荐采用总加权均方根加速度值作为评价振动舒适度指标。为了量化评价驾驶员对座椅系统振动响应，采用 GB/T 4970—2009《汽车平顺性试验方法》，对座椅系统在不同振动强度下的具体评价方法进行说明。

峰值系数 P 可以用来研究基本评价方法是否适用于描述振动对人体影响的强烈程度，峰值系数定义为加权加速度的时间历程 $a_{\mathrm{w}}(t)$ 与其均方根值 a_{w} 比值的模，其数学表达式为

$$P=\left|\frac{a_{\mathrm{w}}(t)}{a_{\mathrm{w}}}\right| \tag{2-3}$$

根据峰值系数是否大于9有两种振动评价方法：当波峰因素小于或等于9时，采用基本评价方法；否则采用辅助评价方法。

(1) 基本评价方法 座椅舒适度采用椅面 x（纵向）、y（横向）和 z（垂向）三个方向的加权加速度进行评价。加权加速度均方根 a_{v} 的计算公式为

$$a_{\mathrm{v}}=(k_x^2 a_{\mathrm{w}x}^2+k_y^2 a_{\mathrm{wy}}^2+k_z^2 a_{\mathrm{wz}}^2)^{\frac{1}{2}} \tag{2-4}$$

式中，$a_{\mathrm{w}x}$、a_{wy}和a_{wz}分别与正交坐标轴 x 轴、y 轴和 z 轴上的加权加速度均方根相对应，k_x、k_y 和 k_z 为方向因数。对于座椅悬架系统，仅考虑其垂向（z 轴）影响，忽略 x 轴和 y 轴，取 $k_z=1$。因此，式 (2-4) 可写成

$$a_{\mathrm{v}}=a_{\mathrm{wz}}=\sqrt{\frac{1}{T}\int_0^T a_{\mathrm{w}}^2(t)\mathrm{d}t} \tag{2-5}$$

式中，T 为振动的分析时间，$T\geqslant 120$ s。

为便于控制器设计、提高运算速度等需要，利用时域滤波器对所采集的振动加速度时域信号进行加权滤波，获得加权加速度均方根值后运用式 (2-5) 得到振动总量；也可在频域运用1/3倍频程带宽换算的频域数据进行加权处理后，获得总的频率加权加速度均方根值；根据图 2-1 对振动舒适度进行评价。

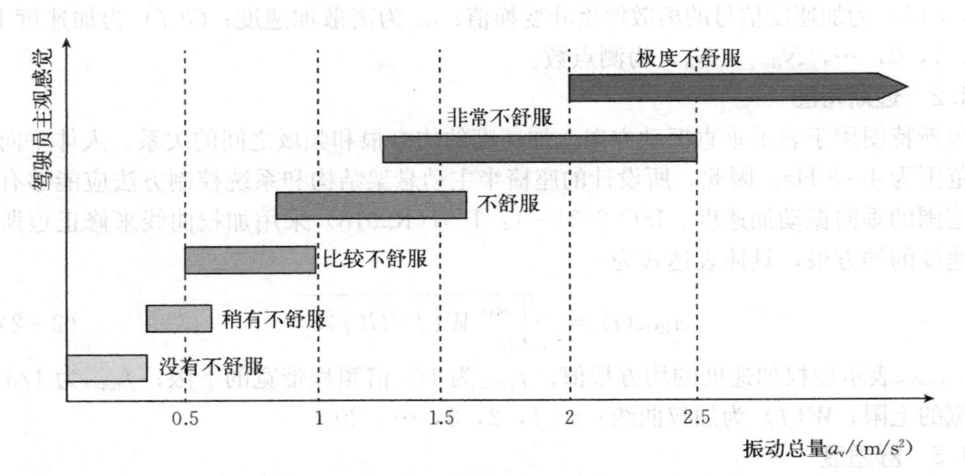

图 2-1　振动总量与驾驶员主观反应的对应关系

(2) 辅助评价方法　采用四次方振动剂量值（VDV）法作为峰值系数 $P>9$ 的辅助评价方法较基本评价方法对振动加速度峰值更为敏感。座椅悬架系统垂向运动的四次方振动剂量值（VDV）表达式为

$$\mathrm{VDV}=\left\{\int_0^T\left[a_{\mathrm{w}}(t)\right]^4\mathrm{d}t\right\}^{\frac{1}{4}} \tag{2-6}$$

2.1.2　悬架系统约束分析

拖拉机座椅悬架系统受到驾驶室空间布置、剪式座椅结构、筒式减振器最大行程、驾驶员坐姿、操纵便捷性等限制，其动行程是有限的，超过系统许用动挠度时，就会出现悬挂“击穿”现象（撞击限位块），影响座椅悬架系统的使用寿命，并加剧驾驶员的不舒适度。减少座椅悬架动挠度是座椅结构设计和控制的必然要求，但悬架动挠度过小会使得弹簧难以发挥作用，座椅悬架系统将变“硬”，难以起到有效的减振效果。因此，结合半主动控制方法，合理设计座椅悬架系统的动挠度，不仅能够降低“击穿”概率，提高弹簧使用寿命，也能改善乘坐舒适性。本书采用半主动座椅悬架系统的悬架动挠度均方根值 $\mathrm{RMS_{STD}}$ 对其振动特性进行分析，表达式为

$$\mathrm{RMS_{STD}}=\sqrt{\frac{1}{N}\sum_{i=1}^{N}\left[z_{\mathrm{s}}(i)-z_{\mathrm{c2}}(i)\right]^2} \tag{2-7}$$

式中，z_{s} 为座椅簧载质量振动位移，z_{c2} 为座椅基座的振动位移。

2.2　拖拉机路面激励模型构建

对拖拉机座椅悬架系统的动力学模型进行振动分析，需要建立相应的路面激励模型。路面激励模型又称路面不平度函数或路面纵断面曲线，用来描述车辆匀速行驶过程中路面高程的变化情况。建立准确的路面激励模型，对车辆平顺性和操纵稳定性研究均有着重要的意义。农田地面是软路面，路面不平度不仅涉及地表形状，还与土壤特性、轮胎载荷及

轮胎特性等参数有关，使得田间路面不平度采集工作充满挑战性。

国内外对农田地面不平度进行了大量的试验研究，通过设计不同的测试装置和试验方法，对田间草地、农作物收获地、乡间土路、砂石地等路面进行测量试验，并根据 ISO 8608—2016 和GB/T 7031—2005《机械振动道路路面谱测量数据报告》进行不平度等级划分。任何路面均可用随机路面激励模型和冲击路面激励模型进行描述，随机路面激励模型利用统计学理论对路面的随机特性进行表达，采用功率谱密度函数描述路面不平状态；冲击路面激励模型是指车辆轮胎瞬时受到地面传递的冲击强度的路面，具有不连续性和强离散特性，通常用于描述路面的凹凸形状，如坑洼路面、地垄、减速带等。

2.2.1 随机路面激励模型

2.2.1.1 路面不平度

路面相对基准平面的高度 z_r，沿车辆前进方向行驶长度 x 的变化 $z_r(x)$，称为路面纵断面曲线或不平度函数，如图 2-2 所示给出了与正态分布平稳随机过程直方图相对应的高斯密度函数，车辆匀速行驶情况下的路面不平度符合高斯各态历经的平稳随机过程。路面不平度是车辆振动的主要激励，会影响车辆行驶平顺性、操纵稳定性、零部件疲劳寿命、油耗和安全性等方面。

根据 ISO 8608—2016 和 GB/T 7031—2005 的规定，路面不平度可用在纵向长度 x 的垂直位移自功率谱密度（简称功率谱密度）$G_{z_r}(n)$ 来描述其统计特性，其表达式为

$$G_{z_r}(n)=G_{z_r}(n_0)\left(\frac{n}{n_0}\right)^{-W} \tag{2-8}$$

式中，n 为空间频率，表示 1 m 长度内包含的波长数量，$n_{\min}\leqslant n\leqslant n_{\max}$，其中，$n_{\min}=0.011\ \mathrm{m}^{-1}$，$n_{\max}=2.83\ \mathrm{m}^{-1}$；$n_0$ 为参考空间频率，$n_0=0.1\ \mathrm{m}^{-1}$；$G_{z_r}(n_0)$ 为路面不平度系数（m^3）；W 为频率指数，为双对数坐标功率谱斜率的绝对值，决定路面谱的频率结构，通常取 $W=2$。

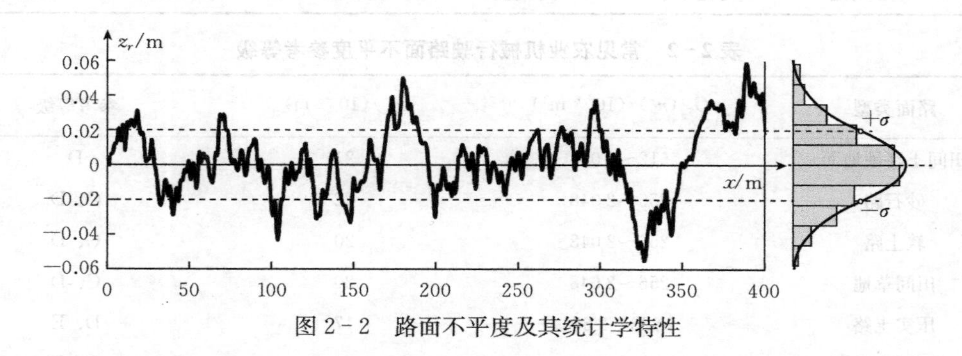

图 2-2 路面不平度及其统计学特性

路面不平度的标准差 σ_{z_r} 计算公式为

$$\sigma_{z_r}=\int_0^{\infty}G_{z_r}(n)\mathrm{d}n=\int_{n_{\min}}^{n_{\max}}G_{z_r}(n_0)\left(\frac{n}{n_0}\right)^{-2}\mathrm{d}n=G_{z_r}(n_0)n_0^2(n_{\min}^{-1}-n_{\max}^{-1}) \tag{2-9}$$

由式（2-8）可得到路面不平度系数 $G_{z_r}(n_0)$ 的估算式为

$$G_{z_r}(n_0)=\sigma_{z_r}^2 n_0^2(\lambda_{min}^{-1}-\lambda_{max}^{-1}) \tag{2-10}$$

式中，λ_{min}^{-1}和λ_{max}^{-1}分别为路面最小波长和最大波长，$\lambda_{min}^{-1}=n_{min}^{-1}$，$\lambda_{max}^{-1}=n_{max}^{-1}$。

2.2.1.2 路面谱等级划分

ISO 8608—2016 和 GB/T 7031—2005 按照功率谱密度将路面分为 8 个等级，规定了各级路面功率谱密度 $G_{z_r}(n_0)$ 和路面不平度相应的标准差 σ_{z_r} 值，路面谱等级划分如表 2-1 所示。

闫建国开发了不平度测试装置，对田间草地、马铃薯收获地、玉米茬地和田间土路硬地面进行了实测，测试结果与 ISO 8608—2016 的位移空间功率谱密度进行了对比分析，发现田间草地、马铃薯收获地和玉米茬地的路面等级在 C 级和 D 级之间，而田间土路硬地面在 C 级附近。黄健、伊力达尔·伊力亚斯及徐珠凤均对拖拉机的行驶路面进行实车测试。综合上述研究成果并结合文献对国内的几种常见的农业机械行驶路面等级进行分类归纳于表 2-2，从表中可以看出，我国农业机械行驶的路面激励模型主要集中在 C、D 和 E 级水平，地面不平度是影响拖拉机乘坐舒适性的主要振动激励源。

表 2-1 路面谱等级划分

路面等级	$G_{z_r}(n_0)$ /(10^{-6} m³)			σ_{z_r}/(10^{-3} m)		
	下限	几何平均	上限	下限	几何平均	上限
A	8	16	32	2.69	3.81	5.38
B	32	64	128	5.38	7.61	10.77
C	128	256	512	10.77	15.23	21.53
D	512	1 024	2 048	21.53	30.45	43.06
E	2 048	4 096	8 192	43.06	60.90	86.13
F	8 192	16 384	32 768	86.13	121.80	172.26
G	32 768	65 536	131 072	172.26	243.61	344.52
H	131 072	262 144	524 228	344.52	487.22	689.04

表 2-2 常见农业机械行驶路面不平度参考等级

路面类型	$G_{z_r}(n_0)$/(10^{-6} m³)	σ_{z_r}/(10^{-3} m)	参考等级
田间土路硬地面	512～2 048	21	D
砂石路	256～2 048	22	C、D
软土路	256～2 048	20	C、D
田间草地	256～2 048	20	C、D
压实土路	1 823～2 664	17	D、E
田间收获地	1 024～8 192	25	D、E

2.2.1.3 时域路面激励模型

路面空间频率功率谱密度仅与路面长度和粗糙度相关，在车辆悬架系统动力学特性分析中，还需将车辆的行驶速度引入，将空间频率功率谱密度转换为时间频率功率谱密度，从而等效重构时域路面激励模型。

路面不平度时域信号是车辆悬架系统仿真激励输入信号的基础，可以通过不同的方法获得路面不平度时域函数，如谐波叠加法、滤波白噪声法、ARMA 模型法和小波分析法等。滤波白噪声法是目前应用较多的一种方法，便于软件实现，其基本思想是将随机路面不平度看作一种有限带宽的有色噪声，可通过理想的、无限带宽且功率谱密度为常值的白噪声经过一定规则转化得到。本节采用滤波白噪声法对随机路面谱进行等效重构。

拖拉机以速度 v_0 行驶于空间频率为 n 的路面上时，其等效时间频率 f 可表示为

$$f=v_0 n \tag{2-11}$$

式中，v_0 行驶为车速（m/s）；f 为时间频率（s^{-1}）。

由此可推导出时间频率谱函数表达式为

$$G_{z_r}(f)=\frac{1}{v}G_{z_r}(n)=G_{z_r}(n_0)n_0^2\frac{v_0}{f^2} \tag{2-12}$$

由式（2-12）可知，当 $f\to 0$ 时，$G_{z_r}(f)\to\infty$，不符合工程实际情况。将空间下限截止频率 n_{min} 引入，得到时间下限截止频率 $f_{min}=v_0 n_{min}$，则有

$$G_{z_r}(f)=G_{z_r}(n_0)n_0^2\frac{v_0}{f^2+f_{min}^2} \tag{2-13}$$

采用一阶滤波白噪声对式（2-13）进行等效重构，一阶滤波白噪声系统为单自由度线性系统，仅有一个激励量 $W(t)$ 和一个响应量 $z_r(t)$。根据随机振动理论，响应量和激励量在频域内的关系和其功率谱密度之间的关系为

$$\begin{cases}z_r(f)=H_{z_r\sim W}(f)W(f)\\G_{z_r}(f)=|H_{z_r\sim W}(f)|^2G_W(f)\end{cases} \tag{2-14}$$

式中，$W(f)$ 为激励量的频域表示；$z_r(f)$ 为响应量的频域表示；$H_{z_r\sim W}(f)$ 为激励量和响应量之间的频率响应函数，表征了系统在频域内的传递特性；$G_W(f)$ 为激励量的功率谱密度；$G_{z_r}(f)$ 为响应量的功率谱密度。

设定一阶滤波白噪声系统的时域表达式为

$$\dot{z}_r(t)+a_{lb}z_r(t)=b_{lb}W(t) \tag{2-15}$$

式中，激励量 $W(t)$ 是白噪声信号；$z_r(t)$ 为响应量的时域函数；a_{lb} 和 b_{lb} 为一阶滤波白噪声系统参数。

对式（2-15）进行傅里叶变换可得

$$z_r(f)(\mathrm{j}2\pi f+a_{lb})=b_{lb}W(f) \tag{2-16}$$

由式（2-14）可得一阶滤波白噪声系统的传递函数为

$$H_{z_r\sim W}(f)=\frac{z_r(f)}{W(f)}=\frac{b_{lb}}{a_{lb}+\mathrm{j}2\pi f} \tag{2-17}$$

则响应量的功率谱密度为

$$G_{z_r}(f)=\frac{(b_{lb}/2\pi)^2}{(a_{lb}/2\pi)^2+f^2}G_W(f) \tag{2-18}$$

标准高斯白噪声的功率谱密度 $G_W(f)=1$，因此，一阶滤波白噪声系统响应量的功率谱密度为

$$G_{z_r}(f)=\frac{(b_{lb}/2\pi)^2}{(a_{lb}/2\pi)^2+f^2} \tag{2-19}$$

比较式（2－13）和式（2－19），可得一阶滤波白噪声系统参数为

$$\begin{cases} a_{lb}=2\pi f_{min} \\ b_{lb}=2\pi n_0\sqrt{G_{z_r}(n_0)v_0} \end{cases} \tag{2-20}$$

将式（2－20）代入式（2－15）可得基于滤波白噪声法的随机路面激励模型为

$$\dot{z}_r(t)=-2\pi f_{min}z_r(t)+2\pi n_0\sqrt{G_{z_r}(n_0)v_0}W(t) \tag{2-21}$$

拖拉机以 20 km/h 匀速行驶在随机路面谱的 C 级、D 级和 E 级路面上，采样频率为 500 Hz，不同等级路面激励模型和功率谱密度与 ISO 标准中对应等级的功率谱密度比较曲线如图 2－3 所示。从图中可以看出，随着路面不平度等级的升高，路面不平度的峰值

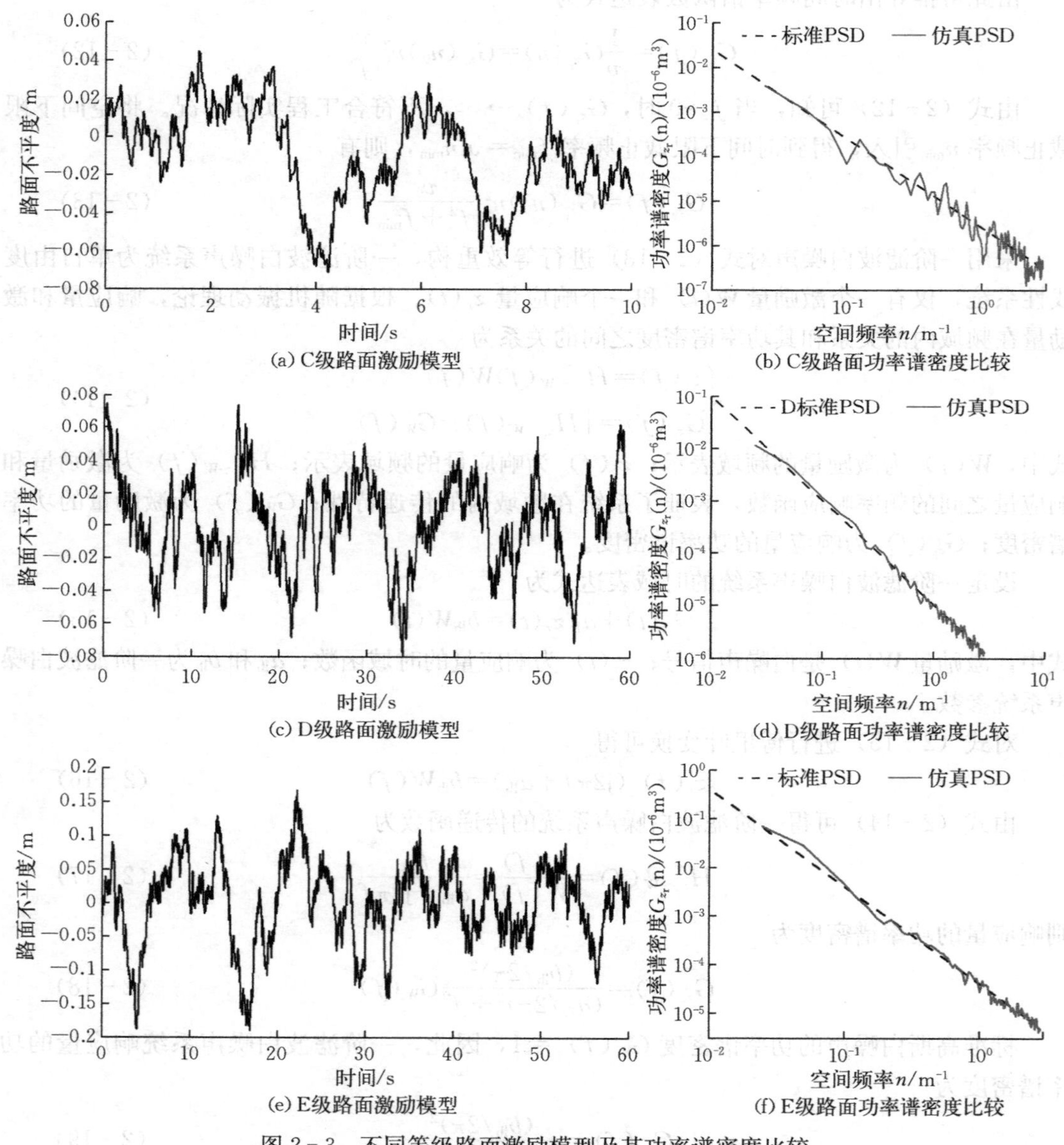

图 2－3　不同等级路面激励模型及其功率谱密度比较

也随之显著增大，且 C 级、D 级和 E 级路面的功率谱密度与标准功率谱密度高度吻合，说明所生成的路面谱的正确性，进一步验证了基于滤波白噪声法生成的时域随机路面激励模型的有效性。

2.2.2　冲击路面激励模型

为了测试拖拉机连接件、覆盖件及支撑系统等在冲击、振动条件下工作的可靠性，GB/T 3871.20—2015《农业拖拉机 试验规程 第 20 部分：颠簸试验》对障碍物规格进行了详细的规定，如图 2-4 所示。拖拉机在实际行驶和工作过程中会受到石块、沟壑、地垄和减速带等冲击路面的作用，这些离散、短时的冲击会使拖拉机发生剧烈的振动，给驾驶人员带来猛烈的冲击，造成各种不适，也会对拖拉机连接部件和各种总成件造成损坏，影响其可靠性和寿命。因此，建立冲击路面激励模型，研究拖拉机在此条件下的瞬态振动响应特性是十分必要的。

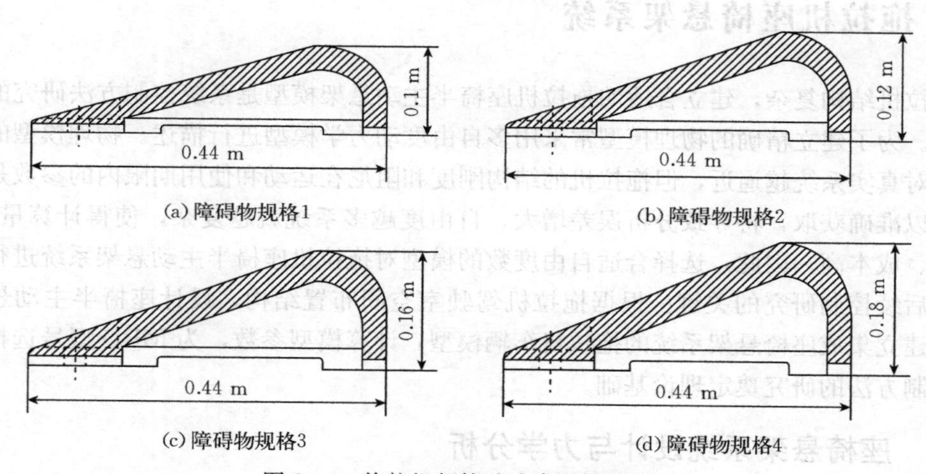

图 2-4　拖拉机颠簸试验障碍物纵断面

本书以 GB/T 3871.20—2015 中规定的三角形障碍物为冲击路面形状，建立冲击路面输入模型，研究拖拉机通过三角形障碍物的振动情况，其简化后的纵断面不平度模型如图 2-5 所示。

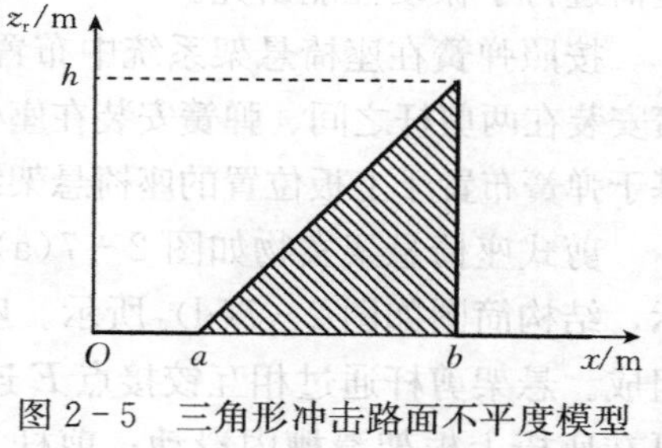

图 2-5　三角形冲击路面不平度模型

由图 2-5 可知，拖拉机冲击路面不平度模型的数学表达式为

$$z_r(x)=\begin{cases}0, & x\leqslant a\\ \dfrac{h}{b-a}(x-a), & a<x\leqslant b\\ 0, & x>b\end{cases} \tag{2-22}$$

式中，a 为拖拉机运动至三角形障碍物前的距离；$b-a$ 为三角形障碍物的长度；h 为三角形障碍物的高度。

拖拉机以速度 v_0 匀速行驶，忽略轮胎在三角形截面上的运动及滑转率，将式（2-22）转化为时域冲击路面激励模型，其表达式为

$$z_r(t)=\begin{cases}0, & t\leqslant\dfrac{a}{v_0}\\ \dfrac{h}{b-a}(v_0t-a), & \dfrac{a}{v_0}<t\leqslant\dfrac{b}{v_0}\\ 0, & t>\dfrac{b}{v_0}\end{cases} \tag{2-23}$$

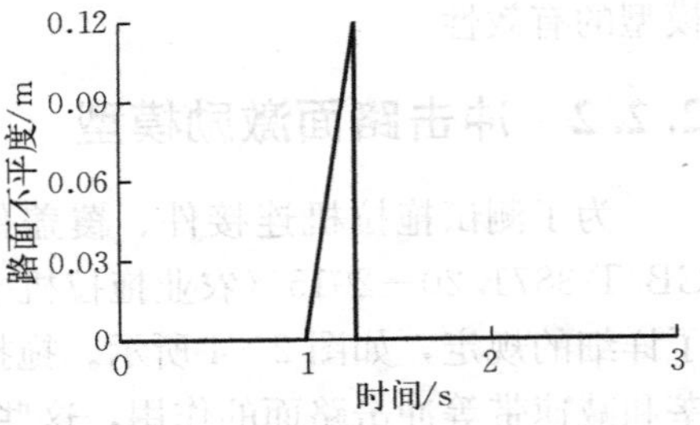

图 2-6 三角形冲击路面激励信号

当拖拉机以 6 km/h 的速度驶过三角形障碍物时，冲击路面对拖拉机单轮的输入激励信号如图2-6所示。其中，冲击路面激励模型的参数为$a=1.67$ m，$b-a=0.44$ m，$h=0.12$ m。

2.3 拖拉机座椅悬架系统

拖拉机结构复杂，建立合适的拖拉机座椅半主动悬架模型是系统控制方法研究的前提和基础。为了建立精确的物理模型常采用多自由度动力学模型进行描述。物理模型的自由度越多对真实系统越逼近，但拖拉机的结构刚度和阻尼在运动和使用期限内的参数是变化的，难以准确获取，将导致分析误差增大。自由度越多系统就越复杂，使得计算量剧增、耗时长、成本高。因此，选择合适自由度数的模型对拖拉机座椅半主动悬架系统进行简化分析是后续控制研究的关键。根据拖拉机驾驶室空间布置结构，设计座椅半主动悬架系统，并建立集成座椅悬架系统的拖拉机车辆模型，计算模型参数，为 MRD 型号选择和半主动控制方法的研究奠定理论基础。

2.3.1 座椅悬架系统设计与力学分析

选择适用于拖拉机座椅悬架模型，对其减振性能研究具有重要意义。因剪式座椅悬架稳定性好、可靠性高被广泛应用于各种工程车辆。本书采用剪式座椅悬架，对拖拉机驾驶座椅进行了振动性能研究。

按照弹簧在座椅悬架系统中布置方式的不同，剪式座椅悬架可分为以下几种形式：弹簧安装在两剪杆之间、弹簧安装在座椅悬架底板位置、弹簧安装在座椅悬架上板位置。本书基于弹簧布置于上板位置的座椅悬架结构形式，对拖拉机驾驶员减振性能影响进行了研究。

剪式座椅悬架实物如图 2-7(a) 和 (b) 所示，座椅悬架三维模型如图 2-7(c) 所示，结构简图如图 2-7(d) 所示。座椅结构由上下框架、剪杆、弹簧、阻尼器等几部分组成。悬架剪杆通过相互铰接点 E 连接，剪杆 3 与座椅下框架铰接于点 B，其上端 D 点可在座椅上框架滑槽内滑动；剪杆 4 与座椅上框架铰接于点 A，其下端 C 可在座椅下框架的滑槽内滑动。弹簧 2 为线性螺旋弹簧，刚度为 k。弹簧 2 水平置于上框架，与杆 l_0 的上端的点 G 连接。另一端与悬架上框架右侧相连。阻尼器 6 以一定的角度处于上下框架之间，其阻尼系数为 c。剪杆 $BD=l_1+l_2$，$AC=l_3+l_4$，$EA=l_4$，$EB=l_1=EC=l_3$，

$ED=l_2$，剪杆与底部的夹角为φ。

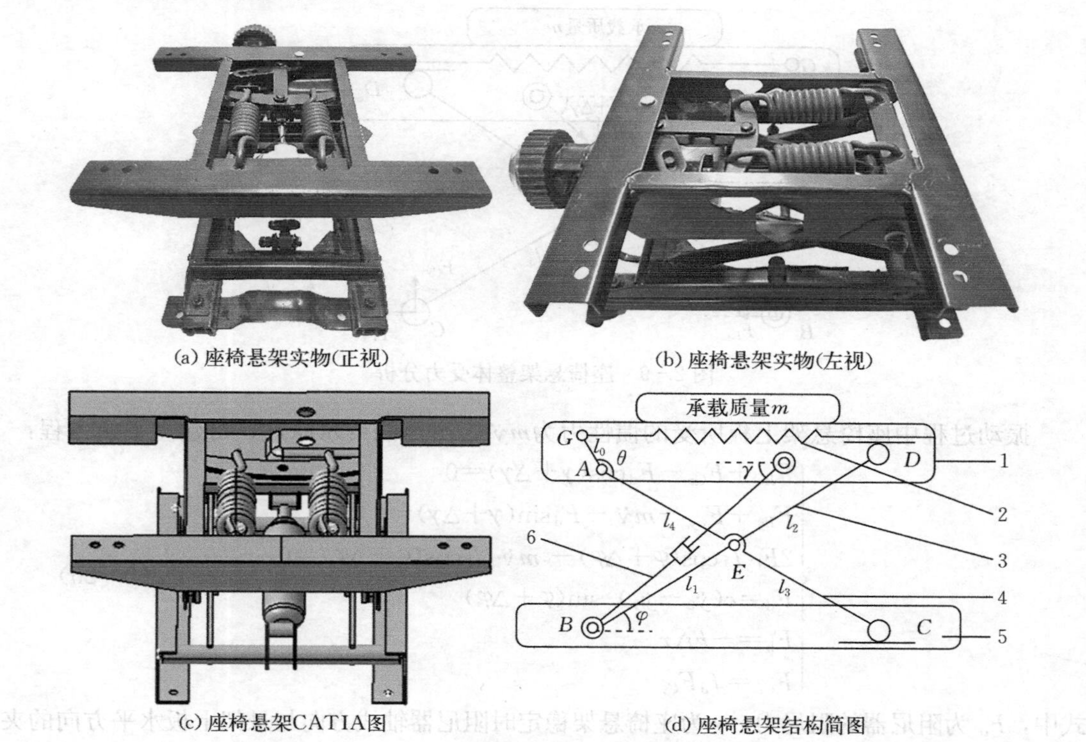

图2-7　拖拉机剪式座椅悬架结构

1. 悬架上平面　2. 弹簧　3、4. 剪杆　5. 悬架下平面　6. 阻尼器

为简化方程的计算，提出以下假设：①不考虑座椅坐垫的作用，设承载质量m为人体质量的75%与座椅悬架上平面质量之和；②不考虑座椅悬架剪杆质量；③在悬架稳定时，承载质量作用下座椅悬架运动幅度较小。

在激励y_1下，剪杆运动示意图如图2-8所示，设座椅悬架下框架上作用的位移激励为$y_1=Q\sin\omega t$，Q为激励振幅，ω为激励圆频率，座椅悬架上框架的响应为y_2，则弹簧变形量Δx与y_1和y_2之间的关系式为式（2-24）。

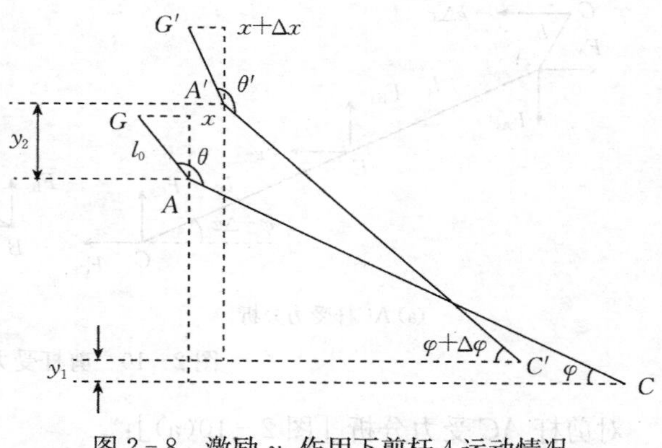

图2-8　激励y_1作用下剪杆4运动情况

$$\Delta x=\frac{l_0\{\cos[\theta'-(\varphi+\Delta\varphi)]-\cos(\theta-\varphi)\}}{(l_3+l_4)[\sin(\varphi+\Delta\varphi)-\sin\varphi]}(y_2-y_1) \qquad (2-24)$$

式中，φ为静平衡状态时剪杆与座椅底板水平方向的夹角；$\Delta\varphi$在激励作用下夹角的变化。

座椅悬架整体结构受力分析如图2-9所示。

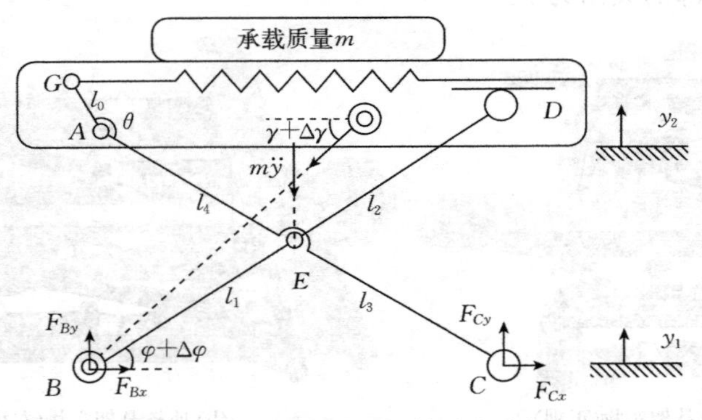

图 2-9 座椅悬架整体受力分析

振动过程中座椅悬架上板所受的惯性力为$m\ddot{y}$，由达朗贝尔原理，可建立平衡方程：

$$\begin{cases}F_{Bx}+F_{Cx}-F_{\mathrm{d}}\cos(\gamma+\Delta\gamma)=0\\F_{By}+F_{Cy}-m\ddot{y}-F_{\mathrm{d}}\sin(\gamma+\Delta\gamma)=0\\2F_{Cy}l_1\cos(\varphi+\Delta\varphi)-m\ddot{y}\,{}_2l_1\cos(\varphi+\Delta\varphi)=0\\F_{\mathrm{d}}=c(\dot{y}_2-\dot{y}_1)\ \sin(\varphi+\Delta\varphi)\\F_{\mathrm{k}}=-k\Delta x\\F_{Cx}=f_{\mathrm{d}}F_{Cy}\end{cases}\tag{2-25}$$

式中，F_{d} 为阻尼器的阻尼力；γ 为座椅悬架稳定时阻尼器轴线方向与悬架上板水平方向的夹角；$\Delta\gamma$ 为在受力作用下减振器倾角的变化；f_{d} 为滑动摩擦因数；F_{k} 为弹簧的弹簧力。

图 2-10 为剪杆受力分析图，可建立剪杆 AC 和 BD 的平衡方程。

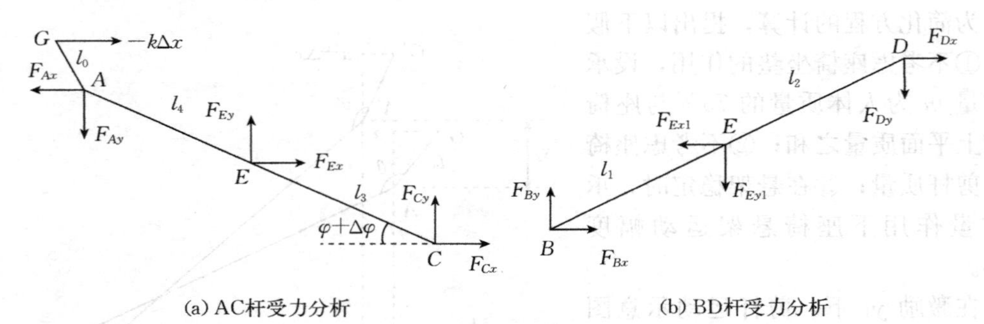

图 2-10 剪杆受力分析

对剪杆 AC 受力分析［图 2-10(a)］：

$$\begin{cases}F_{Cx}+F_{Ex}-F_{Ax}-k\Delta x=0\\F_{Cy}+F_{Ey}-F_{Ay}=0\\F_{Ax}l_4\sin(\varphi+\Delta\varphi)+F_{Ay}l_4\cos(\varphi+\Delta\varphi)\ +\\\qquad F_{Cy}l_3\cos(\varphi+\Delta\varphi)+F_{Cx}l_3\sin(\varphi+\Delta\varphi)\ +\\\qquad k\Delta x[l_4\sin(\varphi+\Delta\varphi)+l_0\sin(\theta-\varphi-\Delta\varphi)]=0\end{cases}\tag{2-26}$$

对剪杆 BD 受力分析［图 2-10(b)］：

$$\begin{cases} F_{Bx}+F_{Dx}-F_{Ex1}=0 \\ F_{By}-F_{Ey1}-F_{Dy}=0 \\ F_{Bx}l_1\sin(\varphi+\Delta\varphi)-F_{By}l_1\cos(\varphi+\Delta\varphi)- \\ \quad F_{Dx}l_2\sin(\varphi+\Delta\varphi)-F_{Dy}l_2\cos(\varphi+\Delta\varphi)=0 \end{cases} \tag{2-27}$$

当 $F_{Ex}=F_{Ex1}$，$F_{Ey}=F_{Ey1}$ 时，由式（2-26）和式（2-27）解得

$$F_{Ex}=\frac{l_{1,2}F_{Bx}}{2l_2}-\frac{l_{1,2}\cot(\varphi+\Delta\varphi)\ F_{By}}{2l_2}-\frac{l_{3,4}F_{Cx}}{2l_4}-\frac{l_{3,4}\cot(\varphi+\Delta\varphi)\ F_{Cy}}{2l_4}-\frac{k\Delta xl_0\sin(\theta-\varphi-\Delta\varphi)}{2l_4\sin(\varphi+\Delta\varphi)} \tag{2-28}$$

$$F_{Ey}=\frac{l_{1,2}F_{By}}{2l_2}-\frac{l_{1,2}\tan(\varphi+\Delta\varphi)\ F_{Bx}}{2l_2}-\frac{l_{3,4}F_{Cy}}{2l_4}-\frac{l_{3,4}\tan(\varphi+\Delta\varphi)\ F_{Cx}}{2l_4}-\frac{k\Delta xl_0\sin(\theta-\varphi-\Delta\varphi)}{2l_4\cos(\varphi+\Delta\varphi)} \tag{2-29}$$

由 $F_{Dx}=F_{Dy}f_{\mathrm{d}}$ 和式（2-26）得

$$F_{Bx}-F_{Ex}+(F_{By}-F_{Ey})f_{\mathrm{d}}=0 \tag{2-30}$$

根据前述假设③，$\Delta\varphi$ 和 $\Delta\gamma$ 近似为 0，则 $\varphi+\Delta\varphi\approx\varphi$，$\gamma+\Delta\gamma\approx\gamma$。将 F_{Ex}、F_{Ey} 代入公式（2-30），联立以上各式，并整理简化得

$$x_1F_{Bx}+x_2F_{By}+x_3F_{Cx}+x_4F_{Cy}+\frac{k\Delta xl_0\sin(\theta-\varphi)}{2l_4\sin\varphi}+\frac{k\Delta xl_0\sin(\theta-\varphi)}{2l_4\cos\varphi}f_{\mathrm{d}}=0 \tag{2-31}$$

式中，$x_1=\left(1-\frac{l_{1,2}}{2l_1}+\frac{l_{1,2}}{2l_2}\tan\varphi f_{\mathrm{d}}\right)$，$x_2=\left(\frac{l_{1,2}}{2l_1}\cot\varphi-\frac{l_{1,2}}{2l_2}f_{\mathrm{d}}+f_{\mathrm{d}}\right)$，$x_3=\left(\frac{l_{3,4}}{2l_4}+\frac{l_{3,4}}{2l_4}\tan\varphi f_{\mathrm{d}}\right)$，$x_4=\left(\frac{l_{3,4}}{2l_4}\cot\varphi+\frac{l_{3,4}}{2l_4}f_{\mathrm{d}}\right)$。

简化整理得

$$m\ddot{y}_2+A_1\dot{y}_2+A_2y_2=A_1\dot{y}_1+A_2y_1 \tag{2-32}$$

式中，$A_1=\frac{c\ [(l_2-l_1)(\sin 2\gamma+2f_{\mathrm{d}}\sin^2\gamma)\tan\varphi+l_{1,2}(2\sin 2\gamma+f_{\mathrm{d}}\sin 2\gamma\tan^2\varphi)]}{[2l_{1,2}(f_{\mathrm{d}}\tan\varphi+1)]}$，

$A_2=\frac{kl_0^2(\sin\theta-\cos\theta\tan\varphi)^2}{l_{3,4}^2}$。

由式（2-31）可得，式（2-32）的系数均为常数，座椅的运动微分方程为线性常系数微分方程。A_1 和 A_2 分别为座椅悬架系统的等效阻尼和等效刚度，其大小与座椅结构参数有关。

2.3.2 座椅悬架系统动力学和运动学建模

ADAMS 具有建模、求解、动画仿真等功能，在很多工程行业得到了较为广泛的应用。ADAMS 软件可以产生复杂的运动情况，根据实际物体运动进行仿真，该软件可以有效地检验产品质量，节约研究成本，缩短研发周期。本书使用 ADAMS View 2020 版本，进行座椅悬架动力学仿真。

2.3.2.1 CATIA 座椅悬架模型的创建与导入

CATIA 在工程行业得到应用以后，受到了工程技术人员的一致好评，真实地建立了

产品的实物模型，对各个零部件可以有效地进行装配。

本书采用CATIA软件进行驾驶座椅悬架的三维建模，由于篇幅的限制，下面简述CATIA模型的建立。CATIA座椅悬架模型的建立包含两个步骤：①零件的建立；②零件的装配。零件的建立步骤为：单击开始→机械设计→零件设计→Part，通过草图界面和各种操作命令完成零件的建立。零件的装配步骤为：单击开始→机械设计→装配设计→Product，通过各种约束完成座椅悬架模型的装配。CATIA座椅悬架装配图如图2-11所示。

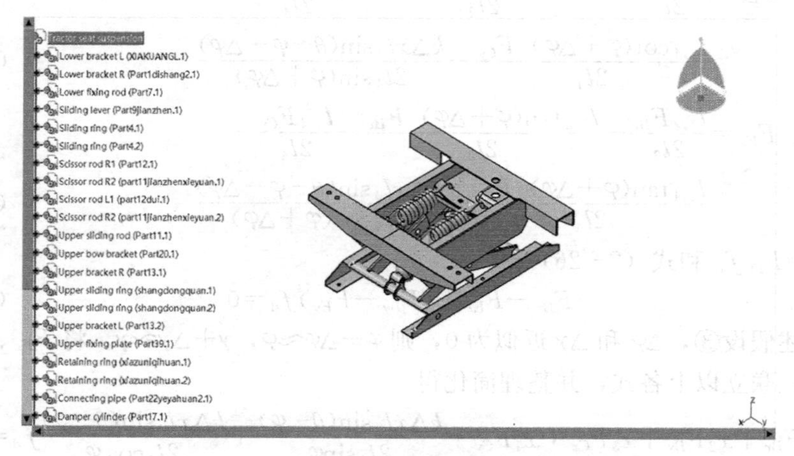

图2-11　座椅悬架CATIA三维模型

将座椅悬架三维模型导入ADAMS软件，主要步骤为：打开ADAMS/view模块，单击File→import→File import，在打开的对话框中的File Type列表框中选择CATIAV5(*.CATPart；*.CATProduct)，在File To Read文本框中找到文件CATIA文件所在的位置，完成模型的导入，如图2-12所示。

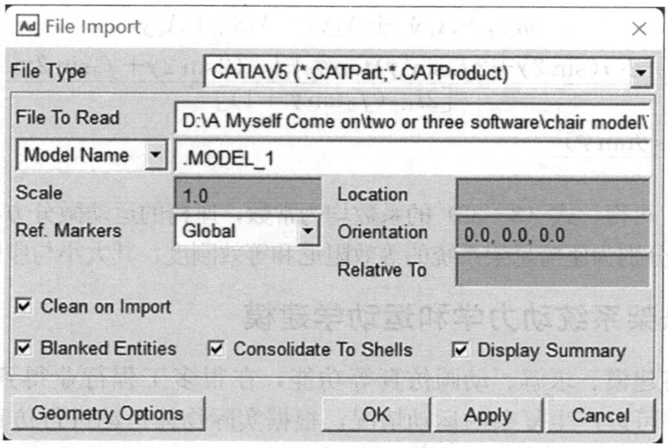

File Import
File Type　CATIAV5 (*.CATPart;*.CATProduct)
File To Read　D:\A Myself Come on\two or three software\chair model\
Model Name　.MODEL_1
Scale　1.0　Location
Ref. Markers　Global　Orientation　0.0, 0.0, 0.0
Relative To
Clean on Import
Blanked Entities　Consolidate To Shells　Display Summary
Geometry Options　OK　Apply　Cancel

图2-12　座椅悬架模型导入

2.3.2.2　ADAMS座椅悬架约束副的创建和添加驱动

在建立ADAMS座椅悬架动力学系统前，为了方便仿真的研究，对座椅悬架实物模型进行了简化，螺栓连接通过约束副进行约束，零件与零件之间通过刚性运动副连接，在座椅悬架下框架输入位移激励，座椅悬架动力学模型建立如下：

（1）设置工作环境　打开 Settings→Units，设置 Length、Mass、Force、Time、Angle和 Frequency 的单位分别为 Millimeter、Kilogram、Newton、Second、Degree 和 Hertz。在 Settings→Working Grid 中，设置网格 X、Y 方向尺寸分别为 750 mm 和 500 mm，网格间距为 50 mm。

（2）创建悬架弹簧与悬架阻尼器　以图 2－7(a) 座椅悬架底部为平面，在距离下支架最右侧 100 mm 和悬架前后中点处建立悬架前后为 X 轴、左右为 Y 轴的 ADAMS 动力学悬架模型的三维坐标系。创建座椅悬架弹簧和阻尼器阻尼的设计点如图 2－13 所示。

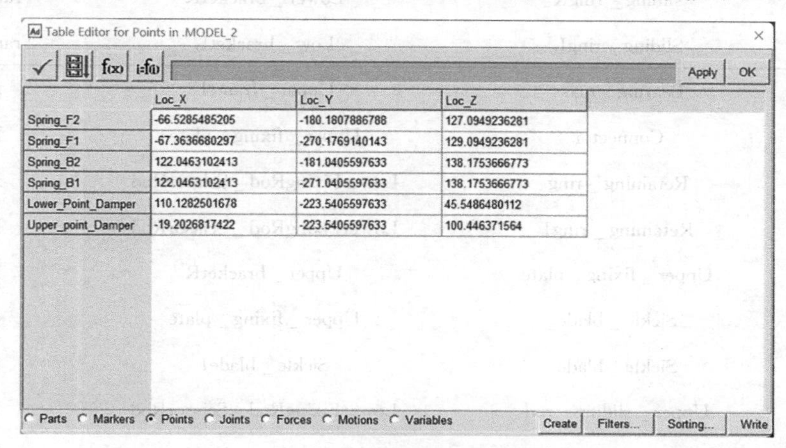

	Loc_X	Loc_Y	Loc_Z
Spring_F2	-66.5285485205	-180.1807886788	127.0949236281
Spring_F1	-67.3636680297	-270.1769140143	129.0949236281
Spring_B2	122.0463102413	-181.0405597633	138.1753666773
Spring_B1	122.0463102413	-271.0405597633	138.1753666773
Lower_Point_Damper	110.1282501678	-223.5405597633	45.5486480112
Upper_point_Damper	-19.2026817422	-223.5405597633	100.446371564

图 2－13　悬架弹簧和阻尼器设计坐标

其建立过程为：单击 Forces→Flexible Connections 命令，选取点 Spring _ F1 与点 Spring _ B1、点 Spring _ F2 与点 Spring _ B2，完成两个弹簧的创建；选取点 Upper _ Point _ Damper 与点 Lower _ Point _ Damper，完成座椅悬架阻尼器的创建。通过改变创建弹簧和阻尼器 k、c 系数，研究驾驶座椅悬架的减振性能。

2.3.2.3　建立约束

悬架零部件建立结束后，需要通过各种约束将各个零部件联系成一个整体。在座椅悬架模型中主要涉及共线副、移动副、固定副、旋转副等，如表 2－3 所示。

表 2－3　座椅悬架各约束副建立

约束类型	Part1	Part2	Location
点线约束	Damper _ cylinder	Retaining _ ring1	Inline1
	Retaining _ ring1	LowerFixingRod _ ScissorRod	Inline2
	Damper _ rod	Connector	Inline3
	SlidingLever _ ScissorRod	LowerFixingRod _ ScissorRod	Inline4
	LowerFixingRod _ ScissorRod	SlidingLever _ ScissorRod	Inline5

（续）

约束类型	Part1	Part2	Location
移动副	Lower _ bracketR	ground	Translational1
	Low _ bracketL	ground	Translational2
	Damper _ rod	Damper _ cylinder	Translational3
	Upper _ sliding _ ringR	Upper _ bracketR	Translational4
	Upper _ sliding _ ringL	Upper _ bracketL	Translational5
	sliding _ ringR	Lower _ bracketR	Translational6
	Sliding _ ringL	Low _ bracketL	Translational7
固定副	Bearing _ mass	Upper _ frameF	Fixed1
	Connector	Upper _ fixing _ plate	Fixed2
	Retaining _ ring	LowerFixingRod _ ScissorRod	Fixed3
	Retaining _ ring1	LowerFixingRod _ ScissorRod	Fixed4
	Upper _ fixing _ plate	Upper _ bracketR	Fixed5
	Sickle _ blade	Upper _ fixing _ plate	Fixed6
	Sickle _ blade	Sickle _ blade1	Fixed7
	Upper _ sliding _ rod	LowerFixingRod _ ScissorRod	Fixed8
	SlidingLever _ ScissorRod	Upper _ bow _ bracket	Fixed9
	Upper _ frameB	Upper _ bracketL	Fixed10
	Upper _ frameB	Upper _ bracketR	Fixed11
	Upper _ frameF	Upper _ bracketR	Fixed12
旋转副	Upper _ bracketL	Upper _ bow _ bracket	Revolute1
	Upper _ sliding _ ringR	Upper _ sliding _ rod	Revolute2
	Upper _ sliding _ ringL	Upper _ sliding _ rod	Revolute3
	Sliding _ ringR	SlidingLever _ ScissorRod	Revolute4
	Sliding _ ringL	SlidingLever _ ScissorRod	Revolute5
	LowerFixingRod _ ScissorRod	Low _ bracketL	Revolute6
	LowerFixingRod _ ScissorRod	Lower _ bracketR	Revolute7

各个约束点位置坐标如图 2－14(a)、(b) 所示。

(1) 创建点线约束 打开约束库中的点线约束命令 Create an Inline Joint Primitive ，设置选项为“2 Bodies－1 Location”和“Pick Geometry Feature”，完成点各线约束的创建。

Table Editor for Points in .MODEL_2

124.3960753964

	Loc_X	Loc_Y	Loc_Z
Inline1	124.3960753964	-213.5405597633	39.4923155196
Inline2	124.3960753964	-238.5405597633	39.4923155196
Inline3	-24.4354308976	-236.0405597633	102.9564310347
Inline4	7.113092734	-142.0405597633	54.4517947025
Inline5	7.113092734	-310.0405597633	54.4517947025
Translational1	-0.6035954057	-339.7010392779	14.6013447076
Translational2	-0.5326936962	-112.3800766373	14.6018731618
Translational3	-1.248681656	-223.5405597633	92.9103180991
Translational4	-94.7377401948	-309.0404819565	85.5749987438
Translational5	-94.7379508091	-143.0409654781	85.576448445
Translational6	-136.0514525089	-331.0405597633	17.0
Translational7	-121.0514525089	-116.0405597633	17.0
Fixed1	-149.1656877446	-371.5405597633	149.2790288105
Fixed2	-44.1656877446	-238.5405597633	103.9481181846
Fixed3	142.8133514977	-238.5405597633	19.5912115049
Fixed4	142.8133514977	-211.5405597633	19.5912115049
Fixed5	-46.1656877446	-319.0405597633	113.0949236281
Fixed6	(LOC_RELATIVE_TO({0, 0, 0}, Spring_F1))	-270.1769140143	129.0949236281

Parts　Markers　Points　Joints　Forces　Motions　Variables　Create　Filters...　Sorting...　Write

(a)

Table Editor for Points in .MODEL_2

132.9465789795

	Loc_X	Loc_Y	Loc_Z
Fixed2	-44.1656877446	-238.5405597633	103.9481181846
Fixed3	142.8133514977	-238.5405597633	19.5912115049
Fixed4	142.8133514977	-211.5405597633	19.5912115049
Fixed5	-46.1656877446	-319.0405597633	113.0949236281
Fixed6	(LOC_RELATIVE_TO({0, 0, 0}, Spring_F1))	-270.1769140143	129.0949236281
Fixed7	-52.1871570441	-221.4573314092	128.09492359
Fixed8	-94.7377447248	-159.0405597633	85.5750482107
Fixed9	116.0859244419	-317.0405597633	88.0487530603
Fixed10	136.8343122554	-140.0405597633	138.0487530603
Fixed11	136.8343122554	-312.0405597633	133.1753666773
Fixed12	-109.6656877446	-314.1250062929	147.1753666773
Revolute1	122.0859244419	-135.0405597633	88.0487530603
Revolute2	(LOC_RELATIVE_TO({0, 0, 0}, Translational4))	-309.0404819565	85.5749987438
Revolute3	(LOC_RELATIVE_TO({0, 0, 0}, Translational5))	-143.0409654781	85.576448445
Revolute4	-121.0514525089	-346.0405597633	17.0
Revolute5	(LOC_RELATIVE_TO({0, 0, 0}, Translational7))	-116.0405597633	17.0
Revolute6	132.9465789795	-104.0405597633	16.0
Revolute7	132.9465789795	-346.0405597633	16.0

Parts　Markers　Points　Joints　Forces　Motions　Variables　Create　Filters...　Sorting...　Write

(b)

图 2－14　约束点位置坐标

(2) 创建移动副　打开约束库中的创建移动副命令 Create a Translational Joint，设置选项为“2 Bodies－1 Location”和“Pick Geometry Feature”，完成各移动副的创建。

(3) 创建固定副　打开约束库中的固定副命令 Create a Fixed Joint，设置选项为“2 Bodies－1 Location”和“Normal To Grid”，完成各固定副的创建。

(4) 创建旋转副　打开约束库中的旋转副命令 Create a Revolute Joint，设置选项为“2 Bodies－1 Location”和“Normal To Grid”，完成各旋转副的创建。

2.3.2.4 添加驱动

单击 Motions→Translational Joint Motion 命令，选择 Translational 1 和 Translational 2 位置点的移动副，完成驱动的创建。该驱动输入为正弦位移激励和随机路面位移激励。

通过以上操作，创建了基于 ADAMS 的驾驶座椅悬架动力学模型，如图 2－15 所示。

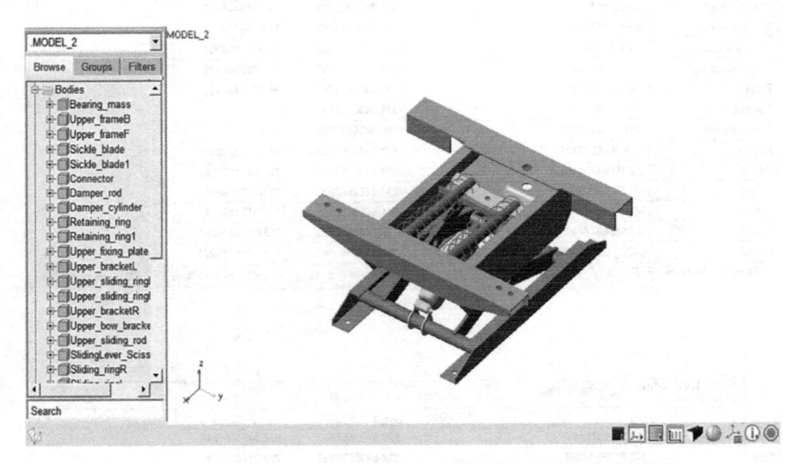

图 2－15　基于 ADAMS 的驾驶座椅悬架动力学模型

2.3.3 座椅悬架系统主要性能参数及振动性能分析

2.3.3.1 座椅悬架主要性能参数

剪式座椅悬架承载质量 m 变化范围为 45～85 kg，针对不同座椅悬架承载质量下座椅悬架振动传递特性影响，选用承载质量最小值 45 kg、中间值 70 kg 和最大值 85 kg 为代表进行振动传递函数研究。这里以某公司生产的某型剪式座椅结构为研究对象，以承载质量为 70 kg 时座椅悬架的静平衡位置作为系统的初始位置。

(1) 刚度系数　由式（2－32）可得座椅振动阻尼固有圆频率 ω_0 与固有频率 f_0 分别为

$$\omega_0=\sqrt{\frac{A_2}{m}}=\frac{l_0}{l_{3,4}}(\sin\theta-\cos\theta\tan\varphi)\sqrt{\frac{k}{m}} \tag{2-33}$$

$$f_0=\frac{\omega_0}{2\pi}=\frac{l_0}{2\pi l_{3,4}}(\sin\theta-\cos\theta\tan\varphi)\sqrt{\frac{k}{m}} \tag{2-34}$$

座椅振动系统的固有频率 f_0 的影响因素有 k、m、φ、θ、β、l_0、$l_{3,4}$ 参数。座椅悬架系统的固有频率 f_0 应为 1～2 Hz，由式（3－34）得，当座椅悬架承载质量为 70 kg 时，座椅悬架弹簧刚度系数 k 取值范围为 68.36～273.44 N/mm。

(2) 阻尼比　由式（2－32）可得座椅振动时的阻尼比为

$$\zeta=\frac{A_1}{2\sqrt{A_2 m}}$$

$$=\frac{c[(l_2-l_1)(\sin 2\gamma+2f_{\mathrm{d}}\sin^2\gamma)\tan\varphi+l_{1,2}(2\sin^2\gamma+f_{\mathrm{d}}\sin 2\gamma\tan^2\varphi)]}{4l_0(f_{\mathrm{d}}\tan\varphi+1)(\sin\theta-\cos\theta\tan\varphi)\sqrt{mk}} \tag{2-35}$$

座椅振动时的阻尼比ζ受参数c、k、m、γ、φ、f_{d}、l_0、l_1、l_2、$l_{1,2}$、θ的影响。座椅悬架系统的阻尼器阻尼比ξ应在0.18～0.35的范围，由式（2-35）得，当座椅悬架承载质量为70 kg时，座椅悬架阻尼器阻尼系数c取值范围为1.4～5.5 N・s/mm。

(3) 位移 座椅响应面的最大位移是座椅悬架性能评价参数之一。根据人体舒适性要求，其响应面的最大位移越小减振性能应越好。设作用在系统上激励幅值$y_1=\mathrm{e}^{\mathrm{i}\omega t}$，则响应为$y_2=H(\omega)\mathrm{e}^{\mathrm{i}\omega t}$，将两式求导后代入式（2-32）得，消去$\mathrm{e}^{\mathrm{i}\omega t}$，得复数频率响应函数为

$$H(\omega)=\frac{\omega_0^2+\mathrm{i}2\zeta\omega_0\omega}{\omega_0^2-\omega^2+\mathrm{i}2\zeta\omega_0\omega} \tag{2-36}$$

由式（2-36）得，复频响应函数模为$|H(\omega)|=\sqrt{\frac{1+(2\zeta\lambda)^2}{(1-\lambda^2)^2+(2\zeta\lambda)^2}}$。

由

$$y_1=Q\sin\omega t \tag{2-37}$$

得座椅上平面振动位移函数为

$$y_2(t)=Q\sqrt{\frac{1+(2\zeta\lambda)^2}{(1-\lambda^2)^2+(2\zeta\lambda)^2}}\sin(\omega t-\varphi) \tag{2-38}$$

式中，λ为频率比，$\lambda=\omega/\omega_0$；φ为激励与响应间的相位差角。由式（2-35）和式（2-38）得弹簧刚度k和阻尼器阻尼c，对性能评价参数位移s的大小具有较大的影响。

(4) 加速度 性能评价参数包括座椅上平面响应的最大加速度，座椅上平面响应最大加速度越小减振性能越好。

由式（2-38）得座椅上平面振动响应位移为$y_2(t)$，得座椅上平面响应加速度$a=\ddot{y}_2(t)$：

$$a=-Q\omega^2\sqrt{\frac{1+(2\zeta\lambda)^2}{(1-\lambda^2)^2+(2\zeta\lambda)^2}}\sin(\omega t-\varphi) \tag{2-39}$$

由式（2-35）和式（2-39）可知，在座椅悬架系统中，弹簧刚度k和阻尼器阻尼c对性能评价参数加速度a的大小影响较大。

(5) 传递速率 性能评价参数包括座椅振动传递速率η，座椅的振动传递速率η越小减振性能越好。由式（2-37）和式（2-38）得传递速率计算公式[式（2-40）]，座椅的振动传递速率η为响应幅值$Q\sqrt{\frac{1+(2\zeta\lambda)^2}{(1-\lambda^2)^2+(2\zeta\lambda)^2}}$与激励幅值$Q$之比，即

$$\eta=\sqrt{\frac{1+(2\zeta\lambda)^2}{(1-\lambda^2)^2+(2\zeta\lambda)^2}} \tag{2-40}$$

由式（2-35）和式（2-40）可知，在座椅悬架系统中，弹簧刚度k和阻尼器阻尼c对性能评价参数η的大小影响较大。

2.3.3.2 剪式座椅悬架系统振动性能分析

(1) 承载质量影响分析 为获取座椅悬架基本性能参数，根据拖拉机座椅悬架实物对座椅悬架通过用刻度尺、量角器测量座椅悬架各剪杆长度、剪杆与悬架下平面之间的夹角、阻尼器轴线与悬架上平面之间的夹角等尺寸。针对座椅悬架弹簧刚度的测量，将悬架阻

尼器拆除，通过重力与位移的关系得出座椅悬架弹簧刚度初始系数 $k=172.28$ N/mm；针对座椅悬架阻尼器阻尼，借助校外试验仪器对阻尼器阻尼系数进行测量，得到阻尼器阻尼系数为 $c=3.37$ N·s/mm。拖拉机驾驶座椅悬架初始位置各参数见表 2-4。滑动摩擦因数 f_d 取 0.3。在添加预紧力的条件下，使不同承载质量下的悬架处于原始的静态平衡位置。

表 2-4　座椅悬架静平衡位置结构参数

l_0/mm	l_1/mm	l_2/mm	l_3/mm	l_4/mm	θ/(°)	γ/(°)	φ/(°)
50	132	107	132	120	115	20.6	11.6

为使 f_0、ζ 在合理的取值范围内，当激励振幅为 2 mm 时，输入频率 f_0 为 0～10 Hz，座椅悬架承载质量为 45 kg、70 kg、85 kg 时，代入式（2-34）、式（2-35）和式（2-40），可得不同座椅悬架质量 m 下座椅振动传递特性，如图 2-16 所示。

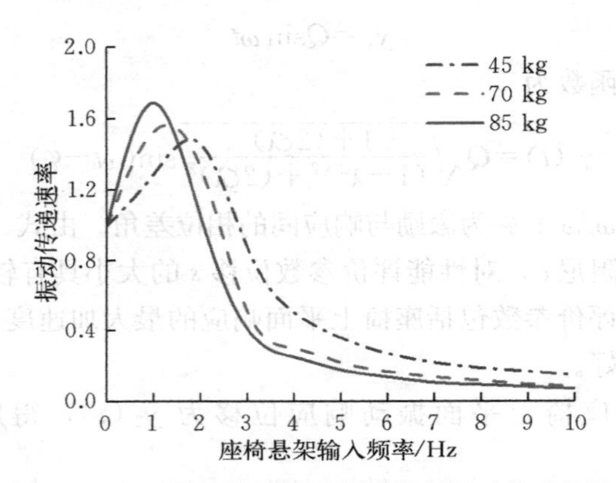

图 2-16　不同座椅悬架承载质量下振动传递特性

不同悬架质量下座椅悬架振动性能参数如表 2-5 所示。

表 2-5　不同座椅悬架承载质量下振动性能参数

振动性能参数	参数值		
	m=45 kg	m=70 kg	m=85 kg
峰值频率/Hz	1.78	1.28	1.00
峰值幅值/mm	2.98	3.14	3.38
固有频率/Hz	1.98	1.58	1.44
阻尼比	0.35	0.27	0.25
3 Hz 处振动传递速率	0.87	0.51	0.41

在满足悬架固有频率 f_0 为 1～2 Hz 和阻尼比 ζ 为 0.18～0.35 条件下。由图 2-16 和表 2-5，可知三种不同的座椅悬架承载质量越大，振动放大区的振幅越大，座椅在隔振区的减振性能越好。

（2）弹簧刚度系数影响分析　在振动隔振区，当输入正弦激励幅值为 2 mm 时，输入频率分别为不同刚度与固定阻尼 $c=3.37$ N·s/mm 对应的座椅悬架固有频率。不同刚度系数下振动性能参数如表 2-6 所示。座椅响应加速度和位移曲线（m=70 kg）如图 2-17(a)、(b) 所示。

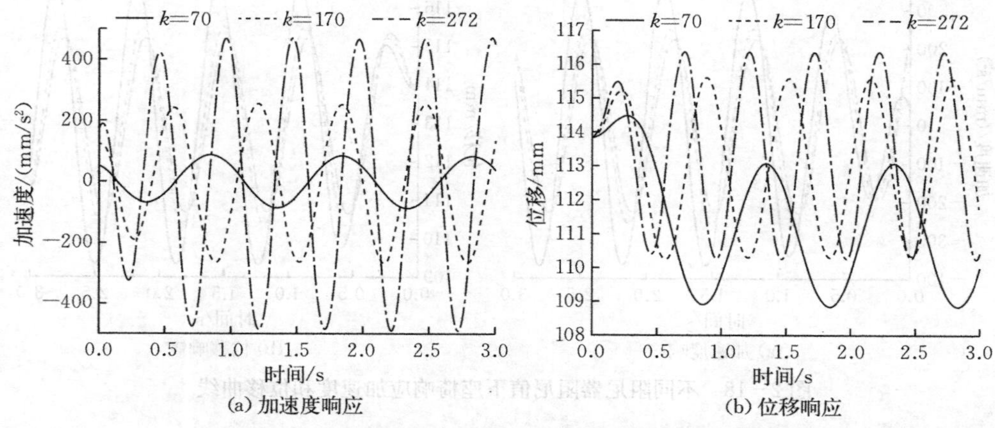

(a) 加速度响应　(b) 位移响应

图 2-17　不同弹簧刚度值下座椅加速度和位移响应曲线

表 2-6　不同弹簧刚度系数 k（N/mm）下振动性能参数

振动性能参数	参数值		
	k=70	k=170	k=272
最大加速度/(mm/s²)	87.02	255.12	469.13
最大位移/mm	114.48	115.61	116.39
振动传递速率	1.708	1.336	1.083
悬架固有频率/Hz	1.01	1.58	1.99

当承载质量为 70 kg，在固有频率 f_0 和阻尼器阻尼比 ζ 合理取值范围下，由式（2-34）得，弹簧刚度系数 k 取值范围为 68.36～273.44 N/mm。由图 2-17 可知，在 k 取值范围内，随着弹簧刚度系数的增加，座椅上平面加速度和位移均增加，座椅悬架减振性能降低。

(3) 阻尼器阻尼影响分析　在振动隔振区，当输入正弦激励幅值为 2 mm，输入频率分别为不同阻尼与固定刚度 k=172.28 N/mm 对应的座椅悬架固有频率时，不同阻尼系数下振动性能参数如表 2-7 所示，座椅响应加速度和位移曲线（m=70 kg）如图 2-18(a)、(b) 所示。

表 2-7　不同阻尼器阻尼系数 c（N·s/mm）下振动性能参数

振动性能参数	参数值		
	c=1.9	c=3.7	c=5.5
最大加速度/(mm/s²)	352.05	248.36	223.19
最大位移 (mm)	116.58	115.52	115.22
振动传递速率	1.228	1.043	1.272
悬架固有频率/Hz	1.59	1.59	1.59

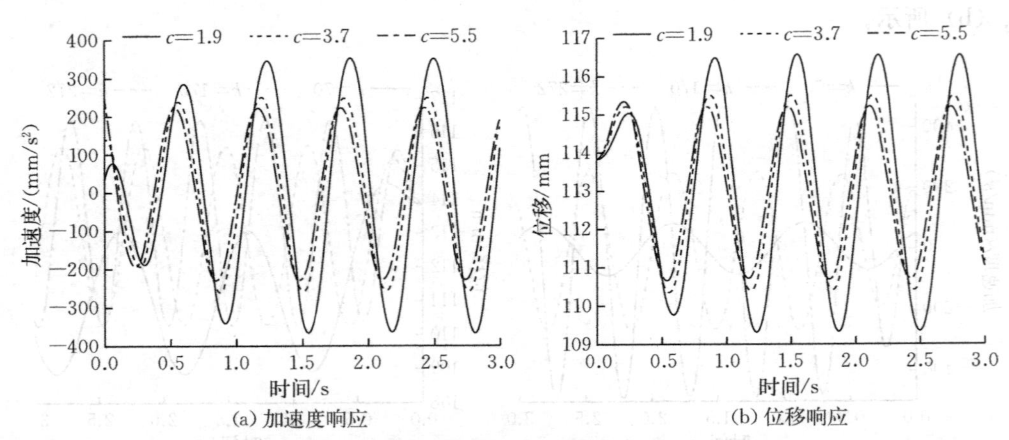

(a) 加速度响应　　(b) 位移响应

图 2-18　不同阻尼器阻尼值下座椅响应加速度和位移曲线

当承载质量为 70 kg，在固有频率 f_0 和阻尼器阻尼比 ξ 合理取值范围下，由式（2-35）得，阻尼器阻尼系数 c 取值范围为 1.4～5.5 N・s/mm。由图 2-18 可知，在 c 取值范围内，随着阻尼系数的增加，座椅上平面加速度和位移均减小。座椅悬架减振性能得到提升。

(4) 不同性能指标交互影响分析　针对不同的座椅悬架评价指标，表 2-8 以座椅上平面单一优化目标时的不同变量响应指标分析结果，主要列举了优化目标响应加速度 a、响应位移 s 和传递速率 η 分析结果。

表 2-8　不同变量下的各响应指标分析结果

主效应评价指标		响应加速度 a/(mm/s²)		响应位移 s/mm		传递速率 η	
		k	c	k	c	k	c
试验水平	1	128.964	391.331	114.821	116.650	1.853	3.651
	2	182.668	235.396	115.262	115.451	1.902	2.294
	3	252.884	302.738	115.684	115.674	2.251	2.062
	4	335.443	215.925	116.062	115.322	2.420	1.671
	5	464.419	218.989	116.561	115.310	2.803	1.541
主效应分析值		335.455	175.406	1.740	1.340	0.950	2.110
设计变量		1	2	1	2	1	2
交互效应分析值		132.672		0.580		0.705	
整体平均值		272.88		115.68		2.24	

图 2-19(a)、(b)、(c)、(d)、(e) 和 (f) 分别为 a、s 和 η 的主效应曲线。

从图 2-19(a)、(b) 可知，关于加速度 a 的主效应分析得随着弹簧刚度 k 增加加速度 a 增加，阻尼器阻尼 c 对 a 具有波动，呈非线性。k 对 a 具有决定性作用，c 次之。由图 2-19(c)、(d) 可知，关于位移 s 的主效应分析得 k 对 s 呈线性正相关，阻尼器 c 对 s

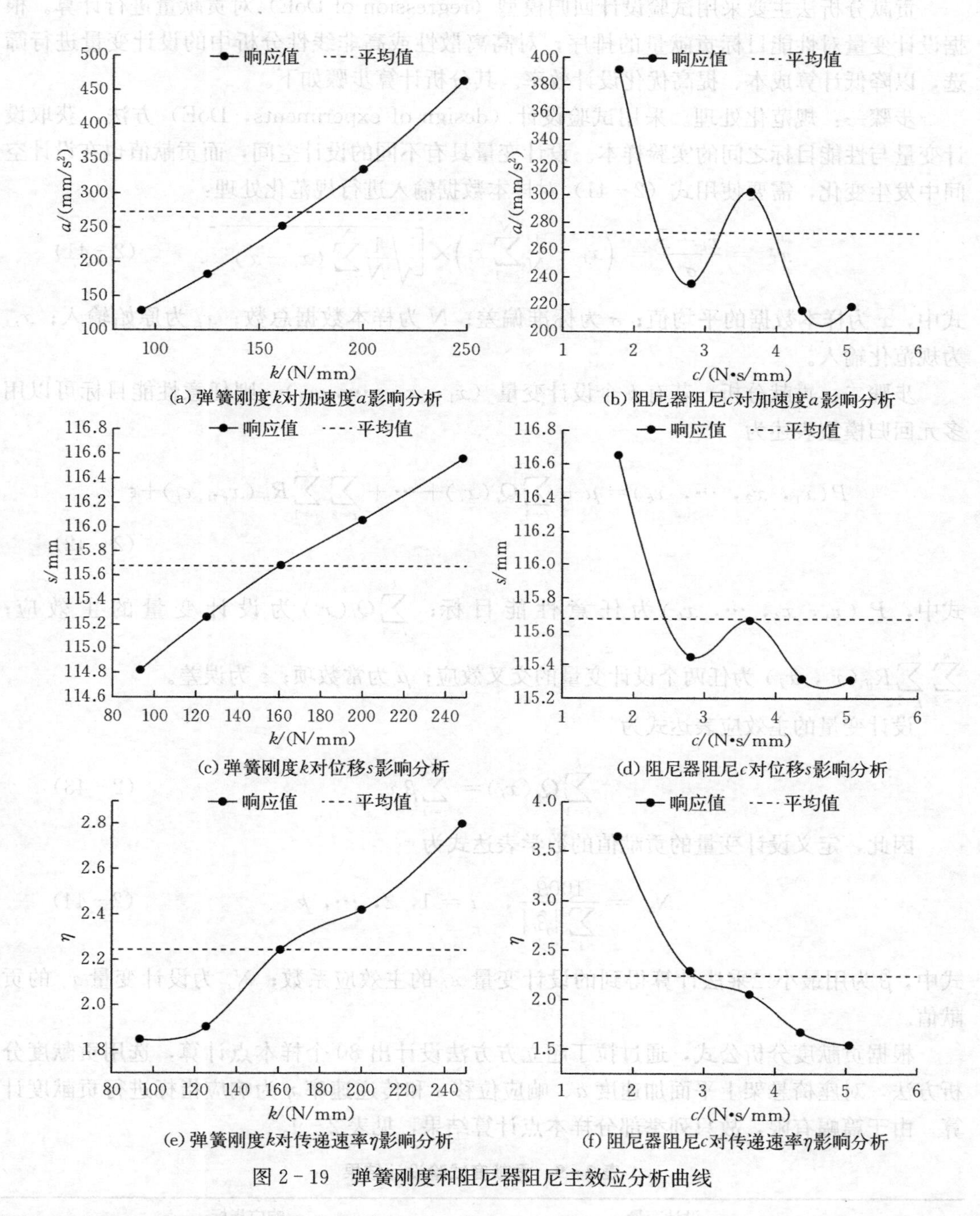

图 2-19　弹簧刚度和阻尼器阻尼主效应分析曲线

影响呈非线性，k 对 s 具有决定性作用，c 次之。由图 2-19(e)、(f) 可知，k 和 c 对传递速率 η 的影响均具有波动性，呈非线性。因此，座椅悬架系统是多因素相互影响的系统。针对影响因素 k 和 c 二者对 η 的关系均具有波动性，无法明确 k 或 c 对 η 具有决定性影响，需进行贡献度分析，进一步验证图 2-19 主效应分析结果。

贡献分析法主要采用试验设计回归模型（regression of DoE）对贡献量进行计算。根据设计变量对性能目标贡献量的排序，对高离散性或高非线性分析中的设计变量进行筛选，以降低计算成本、提高优化设计效率。其分析计算步骤如下。

步骤一：规范化处理。采用试验设计（design of experiments，DoE）方法，获取设计变量与性能目标之间的实验样本。设计变量具有不同的设计空间，而贡献值也在设计空间中发生变化，需要使用式（2-41）对样本数据输入进行规范化处理：

$$x_i^* = \frac{x_i - \bar{x}}{\sigma} = \left(x_i - \frac{1}{N}\sum_{i=1}^{N} x_i\right) \times \left[\sqrt{\frac{1}{N}\sum_{i=1}^{N}(x_i - \bar{x})^2}\right]^{-1} \tag{2-41}$$

式中，$\bar{x}$ 为样本数据的平均值；σ 为标准偏差；N 为样本数据总数；x_i 为原始输入；x_i^* 为规范化输入。

步骤二：贡献分析。若有 k 个设计变量（x_1，x_2，…，x_k），则任意性能目标可以用多元回归模型表述为

$$P(x_1, x_2, \cdots, x_k) = \mu + \sum_{i=1}^{k} Q_i(x_i) + \cdots + \sum_{i=2}^{k}\sum_{j=1}^{k-1} R_{ij}(x_i, x_j) + \varepsilon \tag{2-42}$$

式中，$P(x_1, x_2, \cdots, x_k)$ 为任意性能目标；$\sum_{i=1}^{k} Q_i(x_i)$ 为设计变量的主效应；$\sum_{i=2}^{k}\sum_{j=1}^{k-1} R_{ij}(x_i, x_j)$ 为任两个设计变量的交叉效应；μ 为常数项；ε 为误差。

设计变量的主效应表达式为

$$\sum_{i=1}^{k} Q_i(x_i) = \sum_{i=1}^{k} \hat{\beta}_i x_i \tag{2-43}$$

因此，定义设计变量的贡献值的数学表达式为

$$N_{x_i} = \frac{100\hat{\beta}_i}{\sum_i |\hat{\beta}_i|}, \quad i = 1, 2, \cdots, k \tag{2-44}$$

式中，$\hat{\beta}$ 为用最小二乘法计算得到的设计变量 x_i 的主效应系数；N_{x_i} 为设计变量 x_i 的贡献值。

根据贡献度分析公式，通过拉丁超立方方法设计出 80 个样本点计算，选用贡献度分析方法，对座椅悬架上平面加速度 a、响应位移 s 和传递速率 η 为响应指标进行贡献度计算。由于篇幅有限，故只列举部分样本点计算结果，见表 2-9。

表 2-9　贡献度试验设计结果

数量	设计变量		响应指标		
	k/(N/mm)	c/(N·s/mm)	a/(mm/s²)	s/mm	η
1	95.055	4.394	119.380	114.93	1.449
2	261.120	3.403	442.62	116.31	2.457

（续）

数量	设计变量		响应指标		
	k/(N/mm)	c/(N·s/mm)	a/(mm/s^2)	s/mm	η
3	264.008	3.772	427.65	116.15	2.268
⋮	⋮	⋮	⋮	⋮	⋮
79	73.990	4.694	104.120	114.810	1.323
80	258.415	1.648	712.660	118.200	4.718

由图 2-20 可知，k 对 a 和 s 的影响均具有决定性作用，c 对 a 和 s 的影响次之，与图 2-19 主效应分析一致。由图 2-20 可知，c 对传递速率 η 具有决定性作用，k 对 η 的影响次之。

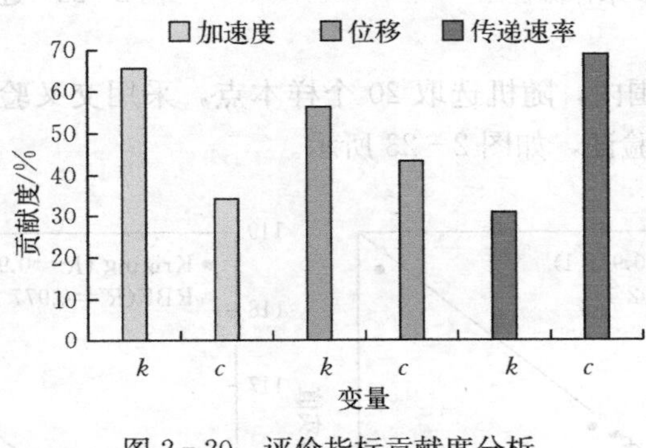

图 2-20　评价指标贡献度分析

2.3.4　座椅悬架系统减振性能多目标优化

通过介绍驾驶座椅悬架减振性能多目标优化设计方法，以弹簧刚度和阻尼器阻尼为控制变量，以座椅悬架上平面加速度、位移和传递速率为优化目标。通过对原始数据的试验采样构建了径向神经网络（RBF）和克里格（Kriging）代理模型，对代理模型进行了精度验证。基于改进的 NSGA-Ⅱ算法对代理模型进行了多目标优化设计，采用熵权灰色关联的方法对 Pareto 前沿解集进行了排序，通过座椅悬架固有频率激励和随机路面位移激励对优化前后座椅悬架减振性能进行了检验。

2.3.4.1　近似模型

近似模型是根据原始数据通过数学运算和数学理论转换为新的代理模型数据，根据代理模型数据对目标性能进行优化设计。近似模型主要包含的流程有：首先对初始的样本数据进行采样，其次选择拟合近似模型的方法，然后对拟合近似模型方法进行验证，最后对代理模型进行多目标优化设计。代理模型第一步是试验设计（DoE），DoE 运用共有三个步骤：试验计划、执行试验和结果分析。进行 DoE 方法需要思考以下几个内容：试验复杂度设计及样本数量；准确找出设计因子及试验中各个因子应取的水平值；对结果进行合理分析，得到实验设计要得到的结论。基于 Isight 软件平台的采样流程图如图 2-21 所示。

本书采用优化拉丁超立方方法（OLHS）进行实验设计抽样，获取座椅悬架不同变量参数（k，c）实验样本。本次共选取 80 个样本点，拟合各性能指标的 Kriging 和 RBF 近似模型，近似模型流程图如图 2-22 所示。

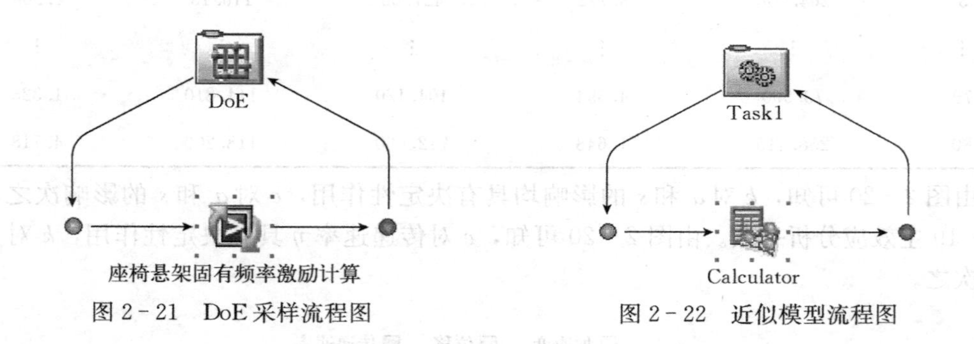

图 2-21　DoE 采样流程图　　　图 2-22　近似模型流程图

在设计变量取值范围内，随机选取 20 个样本点，采用交叉验证的方法对 Kriging 和 RBF 近似模型进行精度验证，如图 2-23 所示。

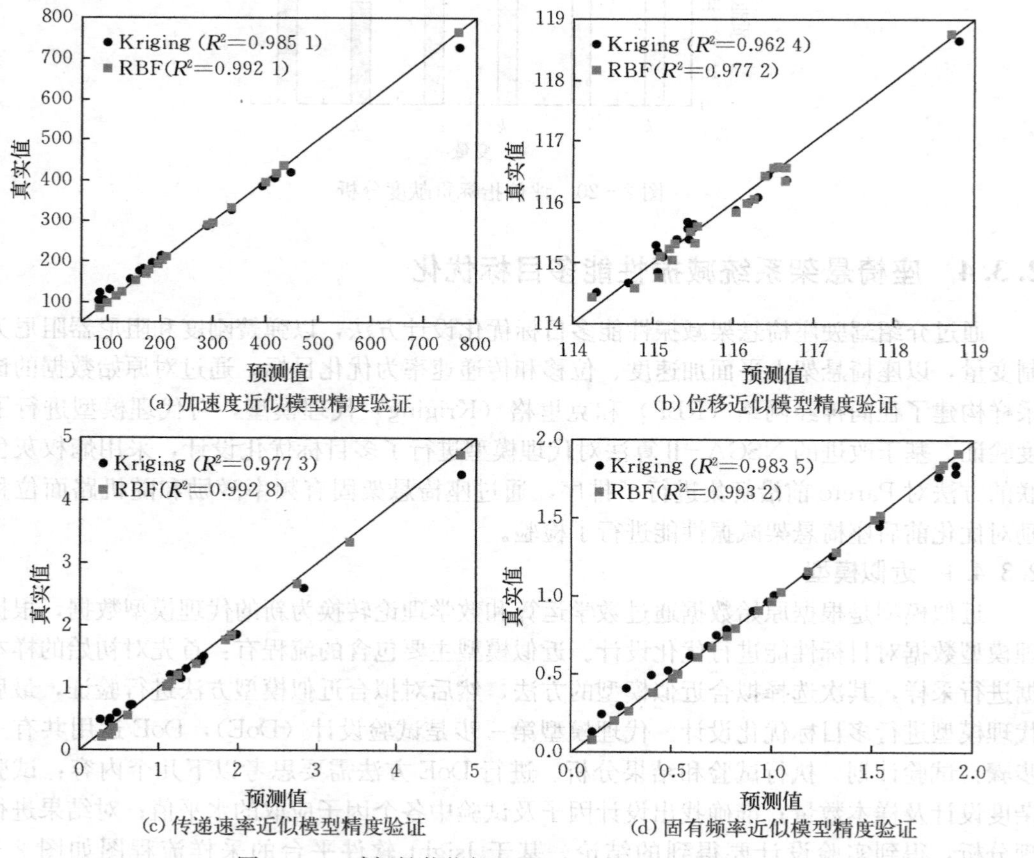

图 2-23　减振性能指标 RBF 和 Kriging 拟合模型

通过对比响应指标的近似模型精度验证结果确定系数 R^2，Kriging 和 RBF 近似模型拟合精度，这里选择 RBF 近似模型进行优化。

由表 2-10 可知，RBF 代理模型的确定系数 R^2 的值大于 Kriging 代理模型，因此，RBF 预测模型精度较好，这里采用 RBF 近似模型作为初始样本的代理模型。

表 2-10　代理模型精度评价指标

评价指标	Kriging 模型	RBF 模型
	R^2	R^2
最大加速度 $a/(\mathrm{mm/s^2})$	0.985 1	0.992 1
最大位移 s/mm	0.962 4	0.977 2
传递速率 η	0.977 3	0.992 8
悬架固有频率 f_0/Hz	0.983 5	0.993 2

2.3.4.2　多目标优化

在多目标优化领域，总的优化目标包含多个优化子目标，在各子目标优化中往往存在矛盾，即一个子目标的改善会带来其他子目标性能的降低。为使各个子目标均得到优化，需要调整相应的影响因素，避免单个子目标最优而其他子目标较差的现象，因此需要进行多目标优化设计。

虽然拥挤距离比较方法能够较好地保持种群的多样性，但对于具有两个以上目标函数的优化问题仍有不足。为了进一步改善多目标优化问题的种群多样性，在 MNSGA-Ⅱ中采用固定阈值 ε 淘汰策略来替换拥挤距离比较方法，该方法可以更合理地解决多目标优化问题。MNSGA-Ⅱ算法的原理如图 2-24 所示。

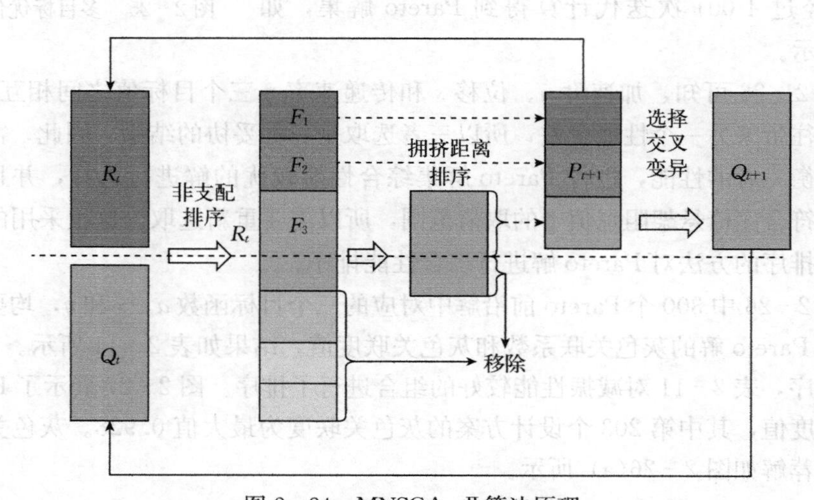

图 2-24　MNSGA-Ⅱ算法原理

MNSGA-Ⅱ算法的操作步骤如下：

步骤1：根据多目标优化问题的变量范围和约束条件，初始化种群数为N的父代种群P_t，并计算个体适应度。

步骤2：对父代种群P_t个体进行非支配排序，获得由低到高的分配层级，获取Pareto前沿。

步骤3：利用遗传算法中嵌入的选择、交叉和变异机制，生成子代种群Q_t。

步骤4：合并父代种群P_t和子代种群Q_t，得到种群数为$2N$的混合种群R_t，并对混合种群R_t个体进行非支配排序（F_1、F_2、…、F_n）。

步骤5：根据固定阈值ε淘汰策略，从混合种群R_t中移除不良个体，然后随机产生新的个体填补种群R_t，使其种群数保持$2N$大小不变。

步骤6：根据非支配排序标准，对种群R_t执行非支配排序操作，由低层级至高层级依次选取优秀个体，直至获得种群数为N的父代种群P_{t+1}。

步骤7：对父代种群P_{t+1}进行选择、交叉、变异及固定阈值ε淘汰操作，获得子代种群Q_{t+1}。

步骤8：若满足终止条件，迭代结束，否则从步骤4开始重复优化，直到非支配解满足终止条件。

由于座椅悬架减振性能各评价指标之间优化设计是相互影响的，需要在各评价指标中找到一种折中的方法来使各评价指标均达到较优的解。为了解决该问题，以RBF近似模型为优化对象，在多目标优化Isight软件平台上，基于构建的RBF代理模型，其流程图如图2-25所示。采用改进的NSGA-Ⅱ优化算法获得Pareto解集。优化设置种群规模为20，进化代数为200，交叉概率为0.9。优化经过4 001次迭代计算得到Pareto解集，如图2-26所示。

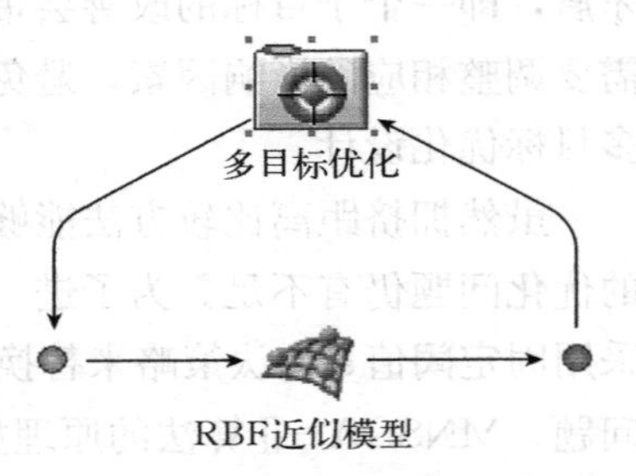

图2-25 多目标优化流程图

根据图2-26可知，加速度a、位移s和传递速率η三个目标值之间相互关联影响。一个最优往往带来另一个性能变差，所以三者选取是一种妥协的结果。因此，需寻求一种方法综合平衡三者的性能，进行Pareto解集综合性能较优的解进行选择，并且Isight平台推荐解不符合座椅悬架阻尼值ζ的取值范围，所以需要重新选取。这里采用的是熵权灰色关联分析排序的方法对Pareto解进行综合性能排序。

根据图2-26中300个Pareto前沿解中对应的三个目标函数a、s和η，均要求越小越好。计算各Pareto解的灰色关联系数和灰色关联度值，结果如表2-11所示。对Pareto前沿解进行排序，表2-11对减振性能较好的组合进行了排序。图2-27展示了Pareto前沿解灰色关联度值，其中第203个设计方案的灰色关联度为最大值0.928。灰色关联度最大值对应的推荐解如图2-26(a) 所示。

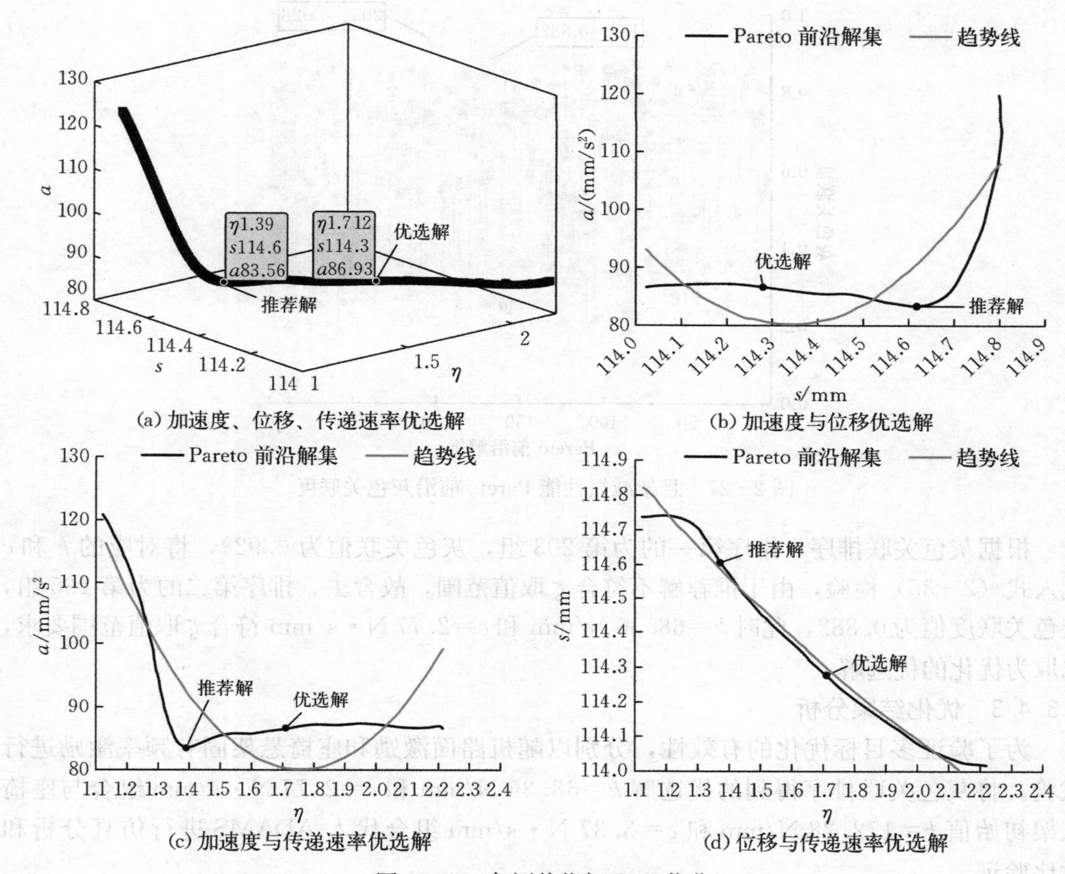

(a) 加速度、位移、传递速率优选解　(b) 加速度与位移优选解

(c) 加速度与传递速率优选解　(d) 位移与传递速率优选解

图2-26　各评价指标RBF优化

表2-11　灰色关联系数和灰色关联度值

数量	各响应指标灰色关联系数			灰色关联度	排序
	a/(mm/s^2)	s/(mm)	η		
1	0.516	0.667	0.632	0.589	179
2	0.524	0.560	0.692	0.568	186
⋮	⋮	⋮	⋮	⋮	⋮
165	0.926	0.887	0.763	0.882	2
⋮	⋮	⋮	⋮	⋮	⋮
203	0.967	0.896	0.876	0.928	1
⋮	⋮	⋮	⋮	⋮	⋮
300	0.763	0.853	0.634	0.764	82

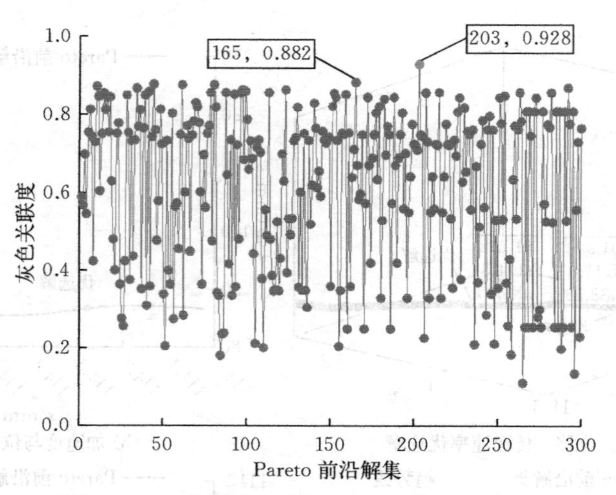

图 2-27 悬架减振性能 Pareto 前沿灰色关联度

根据灰色关联排序，排序第一的为第 203 组，灰色关联值为 0.928，将对应的 k 和 c 代入式（2-35）检验，由于推荐解不符合 ζ 取值范围，故舍去。排序第二的为第 165 组，灰色关联度值为 0.882，此时 $k=68.36$ N/mm 和 $c=2.77$ N·s/mm 符合 ζ 取值范围要求，选取为优化的优选解。

2.3.4.3 优化结果分析

为了验证多目标优化的有效性，分别以随机路面激励和座椅悬架固有频率激励进行试验。将灰色关联排序得到的优选解 $k=68.36$ N/mm 和 $c=2.77$ N·s/mm 组合与座椅悬架初始值 $k=172.28$ N/mm 和 $c=3.37$ N·s/mm 组合代入 ADAMS 进行仿真分析和对比验证。

（1）固有频率下减振性能对比 在正弦位移激励振幅为 2 mm、输入频率分别为不同刚度 k 与阻尼 c 对应的座椅悬架固有频率时，对座椅稳态响应加速度 a、位移 s 和振动传递速率 η 响应曲线进行分析，优化结果如表 2-12、图 2-28 所示。

表 2-12 优化前后座椅悬架减振性能参数对比

振动性能参数	优化前（$k=172.28$ N/mm、$c=3.37$ N·s/mm）	优化后（$k=68.36$ N/mm、$c=2.77$ N·s/mm）	性能提升率/%
最大响应加速度/(mm/s²)	259	87	66.41
最大响应位移/(mm)	115.64	112.97	2.31
振动传递最大速率	1.257	1.360	8.19
座椅悬架固有频率/Hz	1.56	1.00	35.90

由图 2-28 可知，加速度 a 稳态响应值明显降低，位移 s 稳态响应值降低，传递速率 η 总体上得到了改善。由表 2-12 得响应指标 a、s、η 减振性能分别提升 66.41%、2.31%、8.19%。从图 2-28(d) 可以看到优化后座椅悬架低频振动强度明显降低。

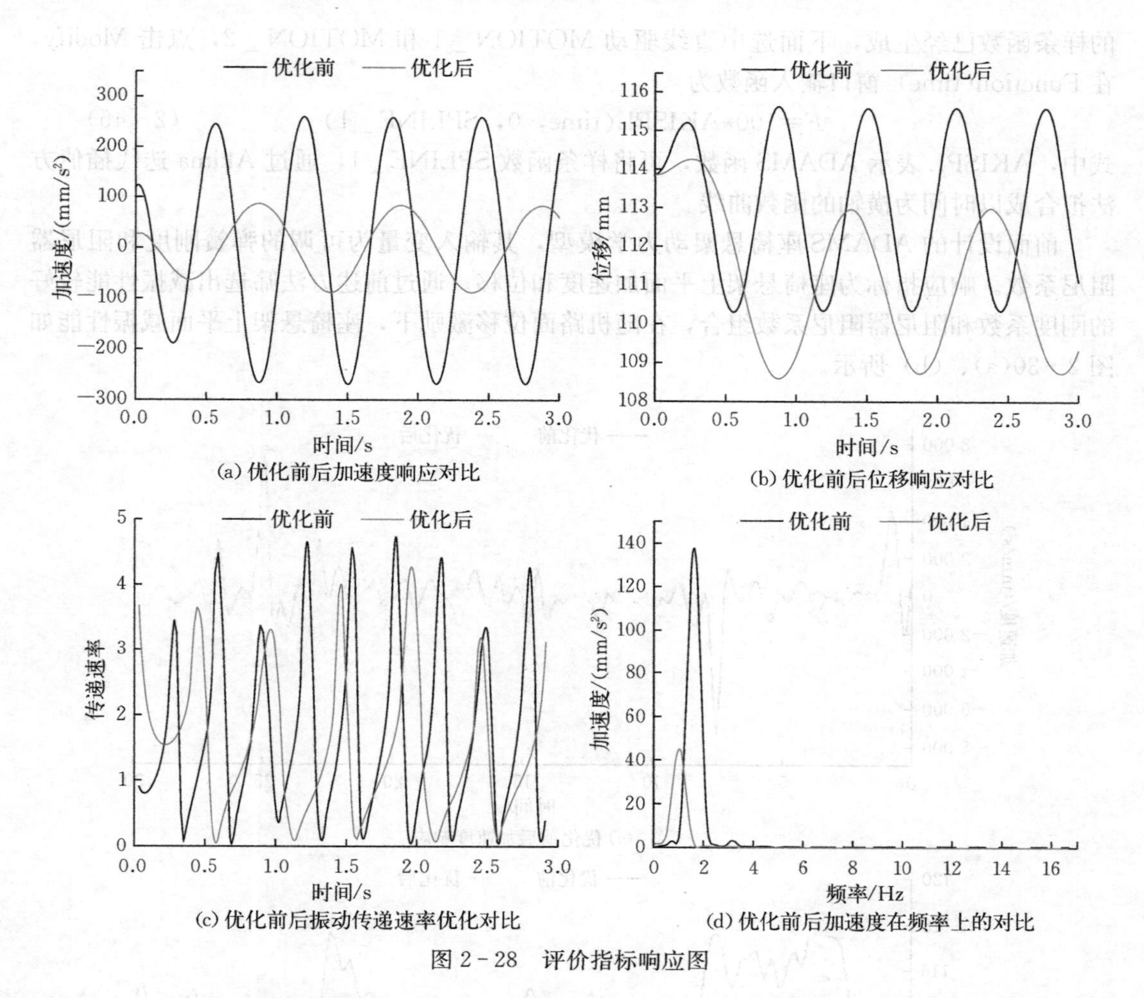

(a) 优化前后加速度响应对比

(b) 优化前后位移响应对比

(c) 优化前后振动传递速率优化对比

(d) 优化前后加速度在频率上的对比

图 2-28　评价指标响应图

(2) 随机路面下减振性能对比　根据 2.2.1 节得到的随机路面谱数据，通过文本文档格式保存，导入 ADAMS/View 中生成样条函数，作为直线驱动 MOTION _ 1 和 MOTION _ 2 的输入。具体操作为：单击 File→Import 命令；在弹出的对话框中选择 File Type 为 "Test Data"，通过文本格式输入数据；再选择 Create Splines，将输出数据作为样条函数储存；在 File To Read 窗口中写入输入数据的文件名，并在 Independent Column index 输入时间变量所在列，单击 OK 按钮，完成路面谱数据的导入，具体如图 2-29 所示。

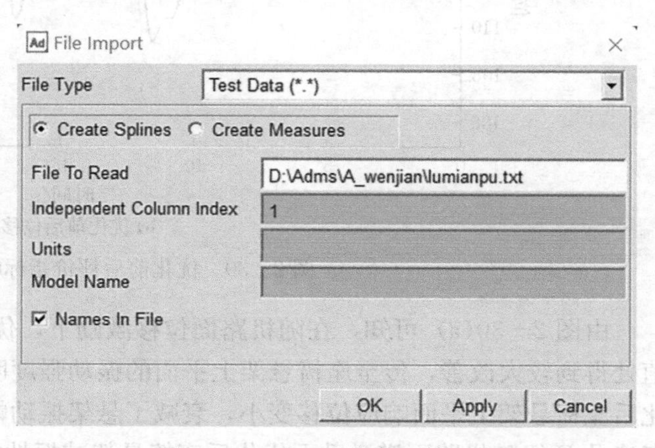

图 2-29　路面谱样条函数生成

通过前述操作，路面随机激励

的样条函数已经生成，下面选中直线驱动 MOTION _ 1 和 MOTION _ 2，点击 Modify，在 Function(time) 窗口输入函数为

$$F=100*\text{AKISPL}(\text{time},\ 0,\ \text{SPLINE\_1}) \qquad (2-45)$$

式中，AKISPL 表示 ADAMS 函数，可将样条函数 SPLINE _ 1，通过 Akima 迭代插值方法拟合成以时间为横轴的函数曲线。

前面设计的 ADAMS 座椅悬架动力学模型，其输入变量为可调的弹簧刚度和阻尼器阻尼系数。响应指标为座椅悬架上平面加速度和位移。通过前述方法筛选出减振性能较好的刚度系数和阻尼器阻尼系数组合，在随机路面位移激励下，座椅悬架上平面减振性能如图 2-30(a)、(b) 所示。

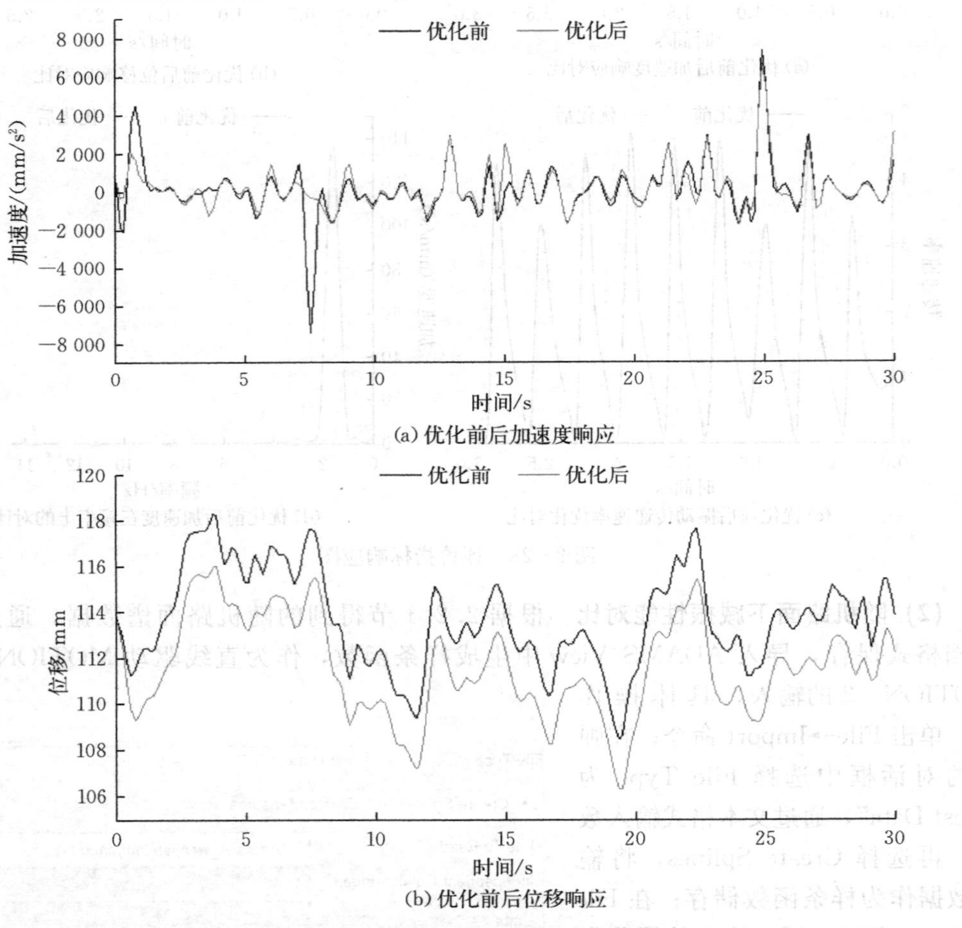

(a) 优化前后加速度响应

(b) 优化前后位移响应

图 2-30　优化前后评价指标响应曲线

由图 2-30(a) 可知，在随机路面位移激励下，优化后座椅悬架上平面加速度响应峰值处得到较大改善，传至座椅悬架上平面的振动强度明显降低；由图 2-30(b) 可知，优化后座椅悬架上平面响应位移变小，衰减了悬架振动幅度。由此可得，在拖拉机实际作业车速及 D 级随机路面谱激励下优化后座椅悬架减振性能得到提升。

2.4　基于座椅半主动悬架系统的拖拉机模型

汽车领域常用的悬架模型有 1/4 车模型、半车模型和整车模型。1/4 车模型自由度小，结构简单，仅考虑垂向运动；半车模型考虑车辆的垂向、侧倾或俯仰运动，适用于研究垂向与俯仰（或侧倾）的耦合运动；整车模型对车辆所有系统进行多自由度建模分析，模型最为复杂，综合考虑了车辆的垂直、侧倾和俯仰运动间的耦合关系，较为完整反映车辆的各部件及运动方向的振动情况，与车辆的实际运动状态最为接近。但拖拉机常用于牵引和悬挂农机具，其结构和工作行驶环境不同于汽车，前、后轮胎差距较大，不同工作模式的悬挂农机具和配重不同，不能简单地采用 1/4 车模型进行简化分析。

本书主要研究不同控制方法调节作用下，拖拉机悬挂农机具在田间路面行驶工况对半主动座椅悬架系统振动特性的响应，仅考虑座椅悬架系统的垂向运动，而拖拉机配备农机具时纵向长度远大于横向长度，其俯仰运动对座椅垂向运动的影响较侧倾显著，且半车模型的自由度较整车模型小，综合考虑俯仰运动和垂向运动耦合作用更符合实际拖拉机带农机具行驶条件。因此，通过建立集成座椅半主动悬架系统的半车模型，为拖拉机座椅半主动悬架控制方法的研究提供模型基础和数据支持。

2.4.1　半车模型建立

集成座椅半主动悬架系统的拖拉机半车模型如图 2－31 所示，仅考虑拖拉机行驶中的

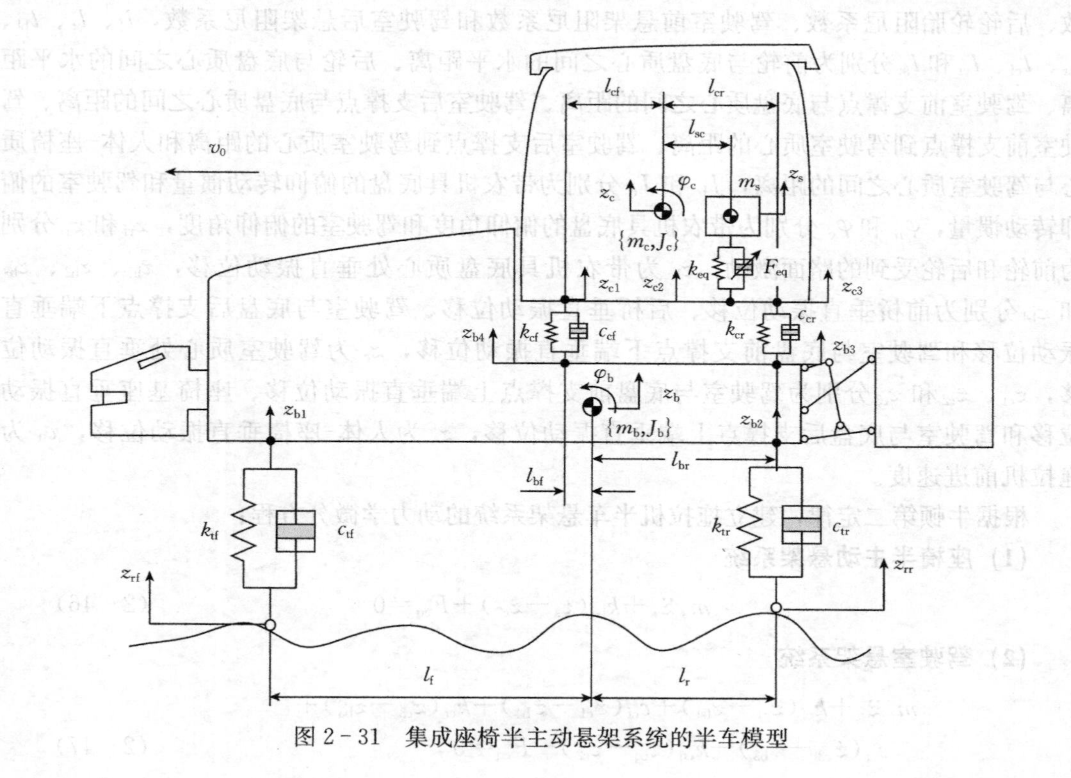

图 2－31　集成座椅半主动悬架系统的半车模型

垂向（Z 向）的振动和俯仰（绕 Y 轴）角振动。该图由人体-座椅质量、驾驶室、底盘、农机具和轮胎组成。座椅悬架系统由线性弹簧和MRD组成，驾驶室和底盘通过橡胶弹簧进行连接，前配重块和农机具与底盘刚性连接，将前、后轮胎简化为弹簧单元和阻尼单元并联的模型。假设拖拉机左右对称，左右路面激励相同。从而将带农机具的拖拉机简化为人体-座椅的垂直运动、驾驶室的垂直和俯仰运动及底盘的垂直和俯仰运动，共计五个自由度。

对集成座椅半主动悬架系统的半车模型做如下假设和简化：

① 拖拉机左、右对称分布。

② 拖拉机以匀速 v_0 通过一段路面，轮胎始终与地面接触，忽略滑转率的影响。

③ 不考虑人体模型和坐垫的影响，将人体和坐垫的质量集成到座椅悬架系统，不考虑人体坐姿影响。

④ 将拖拉机底盘系统中的发动机、配重、农机具等集成为一个刚性质量单元。

⑤ 拖拉机弹簧单元和橡胶悬置均为线性特性并相互独立，仅用于连接和支撑作用。

⑥ 车体弹性中心与质心重合。

⑦ 驾驶室作为一个刚性体，仅考虑俯仰运动对其质心和连接点的影响。

⑧ 两个前轮和两个后轮受到的路面激励分别一致，不考虑侧倾角的影响。

⑨ 车轮与拖拉机底盘刚性连接，仅考虑拖拉机轮胎的刚度和阻尼的影响。

图 2-31 中，m_b、m_c 和 m_s 分别为带农机具的底盘质量、驾驶室质量和人体-座椅质量，k_{tf}、k_{tr}、k_{cf}、k_{cr} 和 k_{eq} 分别为前轮轮胎等效刚度、后轮轮胎等效刚度、驾驶室前悬架刚度、驾驶室后悬架刚度和座椅悬架等效刚度，c_{tf}、c_{tr}、c_{cf} 和 c_{cr} 分别为前轮轮胎阻尼系数、后轮轮胎阻尼系数、驾驶室前悬架阻尼系数和驾驶室后悬架阻尼系数，l_f、l_r、l_{bf}、l_{br}、l_{cf}、l_{cr} 和 l_{sc} 分别为前轮与底盘质心之间的水平距离、后轮与底盘质心之间的水平距离、驾驶室前支撑点与底盘质心之间的距离、驾驶室后支撑点与底盘质心之间的距离、驾驶室前支撑点到驾驶室质心的距离、驾驶室后支撑点到驾驶室质心的距离和人体-座椅质心与驾驶室质心之间的距离，J_b 和 J_c 分别为带农机具底盘的俯仰转动惯量和驾驶室的俯仰转动惯量，φ_b 和 φ_c 分别为带农机具底盘的俯仰角度和驾驶室的俯仰角度，z_{rf} 和 z_{rr} 分别为前轮和后轮受到的路面激励，z_b 为带农机具底盘质心处垂直振动位移，z_{b1}、z_{b2}、z_{b3} 和 z_{b4} 分别为前桥垂直振动位移、后桥垂直振动位移、驾驶室与底盘后支撑点下端垂直振动位移和驾驶室与底盘前支撑点下端垂直振动位移，z_c 为驾驶室质心处垂直振动位移，z_{c1}、z_{c2} 和 z_{c3} 分别为驾驶室与底盘前支撑点上端垂直振动位移、座椅基座垂直振动位移和驾驶室与底盘后支撑点上端垂直振动位移，z_s 为人体-座椅垂直振动位移，v_0 为拖拉机前进速度。

根据牛顿第二定律，建立拖拉机半车悬架系统的动力学微分方程：

(1) 座椅半主动悬架系统

$$m_s \ddot{z}_s + k_{eq}(z_s - z_{c2}) + F_{eq} = 0 \tag{2-46}$$

(2) 驾驶室悬架系统

$$\begin{aligned} & m_c \ddot{z}_c + k_{cf}(z_{c1} - z_{b4}) + c_{cf}(\dot{z}_{c1} - \dot{z}_{b4}) + k_{cr}(z_{c3} - z_{b3}) + \\ & c_{cr}(\dot{z}_{c3} - \dot{z}_{b3}) - k_{eq}(z_{eq} - z_{c2}) - F_{eq} = 0 \end{aligned} \tag{2-47}$$

$$J_c\ddot{\varphi}_c+[k_{cr}(z_{c3}-z_{b3})+c_{cr}(\dot{z}_{c3}-\dot{z}_{b3})]l_{cr}-[k_{cf}(z_{c1}-z_{b4})+ c_{cf}(\dot{z}_{c1}-\dot{z}_{b4})]l_{cf}-[k_{eq}(z_{eq}-z_{c2})+F_{eq}]l_{sc}=0 \tag{2-48}$$

驾驶室 3 个悬架支撑点处的绝对位移的几何关系为

$$z_{c1}=z_c-l_{cf}\varphi_c \tag{2-49}$$

$$z_{c2}=z_c+l_{sc}\varphi_c \tag{2-50}$$

$$z_{c3}=z_c+l_{cr}\varphi_c \tag{2-51}$$

(3) 底盘悬架系统

$$m_b\ddot{z}_b+k_{tf}(z_{b1}-z_{rf})+c_{tf}(\dot{z}_{b1}-\dot{z}_{rf})+k_{tr}(z_{b2}-z_{rr})+c_{tr}(\dot{z}_{b2}-\dot{z}_{rr})- k_{cr}(z_{c3}-z_{b3})-c_{cr}(\dot{z}_{c3}-\dot{z}_{b3})-k_{cf}(z_{c1}-z_{b4})-c_{cf}(\dot{z}_{c1}-\dot{z}_{b4})=0 \tag{2-52}$$

$$J_b\ddot{\varphi}_b-[k_{tf}(z_{b1}-z_{rf})+c_{tf}(\dot{z}_{b1}-\dot{z}_{rf})]l_f+[k_{tr}(z_{b2}-z_{rr})+c_{tr}(\dot{z}_{b2}-\dot{z}_{rr})]l_r- [k_{cr}(z_{c3}-z_{b3})+c_{cr}(\dot{z}_{c3}-\dot{z}_{b3})]l_{br}+[k_{cf}(z_{c1}-z_{b4})+c_{cf}(\dot{z}_{c1}-\dot{z}_{b4})]l_{bf}=0 \tag{2-53}$$

底盘 4 个悬架连接点处的绝对位移的几何关系为

$$z_{b1}=z_b-l_f\varphi_b \tag{2-54}$$

$$z_{b2}=z_b+l_r\varphi_b \tag{2-55}$$

$$z_{b3}=z_b+l_{br}\varphi_b \tag{2-56}$$

$$z_{b4}=z_b-l_{bf}\varphi_b \tag{2-57}$$

将底盘质心处的位移 z_b、速度 $\dot{z}_b$、转角 φ_b 和角速度 $\dot{\varphi}_b$，驾驶室质心处的位移 z_c、速度 $\dot{z}_c$、转角 φ_c 和角速度 $\dot{\varphi}_c$，以及座椅的垂直位移 z_s 和速度 $\dot{z}_s$ 作为系统的状态向量，即取状态向量 $\boldsymbol{X}=[z_s，z_c，z_b，\varphi_c，\varphi_b，\dot{z}_s，\dot{z}_c，\dot{z}_b，\dot{\varphi}_c，\dot{\varphi}_b]^T$。半主动阻尼器的等效阻尼力 F_{eq} 作为控制输入 $\boldsymbol{U}$。前、后轮的路面激励输入作为扰动向量 $\boldsymbol{W}$。人体-座椅的加速度 $\ddot{z}_s$、座椅悬架动行程（z_s-z_{c2}）和座椅基座的位移 z_{c2} 作为系统输出向量 $\boldsymbol{Y}$。

将集成座椅半主动悬架系统的拖拉机半车模型的运动微分方程转换为系统状态方程，即

$$\begin{cases}\dot{\boldsymbol{X}}=\boldsymbol{AX}+\boldsymbol{BU}+\boldsymbol{EW}\\ \boldsymbol{Y}=\boldsymbol{CX}+\boldsymbol{DU}\end{cases} \tag{2-58}$$

式中，$\boldsymbol{A}$ 为系统矩阵，$\boldsymbol{B}$ 为控制矩阵，$\boldsymbol{C}$ 为输出矩阵，$\boldsymbol{D}$ 为传递矩阵，$\boldsymbol{E}$ 为扰动矩阵。令 $\boldsymbol{A}=\begin{bmatrix}\boldsymbol{A}_{11} & \boldsymbol{A}_{12}\\ \boldsymbol{A}_{21} & \boldsymbol{A}_{22}\end{bmatrix}$，$\boldsymbol{B}=\begin{bmatrix}\boldsymbol{B}_1\\ \boldsymbol{B}_2\end{bmatrix}$，$\boldsymbol{E}=\begin{bmatrix}\boldsymbol{E}_1\\ \boldsymbol{E}_2\end{bmatrix}$，$\boldsymbol{U}=F_{eq}$，$\boldsymbol{W}=[z_{rf}\quad z_{rr}\quad \dot{z}_{rf}\quad \dot{z}_{rr}]^T$，则有

$$\boldsymbol{A}_{11}=\begin{bmatrix}0&0&0&0&0\\0&0&0&0&0\\0&0&0&0&0\\0&0&0&0&0\\0&0&0&0&0\end{bmatrix}，\boldsymbol{A}_{12}=\begin{bmatrix}1&0&0&0&0\\0&1&0&0&0\\0&0&1&0&0\\0&0&0&1&0\\0&0&0&0&1\end{bmatrix}，$$

$$
\boldsymbol{A}_{21}=\begin{bmatrix}
-\frac{k_{eq}}{m_s} & \frac{k_{eq}}{m_s} & 0 & \frac{k_{eq}l_{sc}}{m_s} & 0\\
\frac{k_{eq}}{m_c} & -\frac{k_{cf}+k_{cr}+k_{eq}}{m_c} & \frac{k_{cf}+k_{cr}}{m_c} & \frac{k_{cf}l_{cf}-k_{cr}l_{cr}-k_{eq}l_{sc}}{m_c} & \frac{k_{cf}+k_{cr}}{m_c}\\
0 & \frac{k_{cf}+k_{cr}}{m_b} & -\frac{k_{tf}+k_{tr}+k_{cf}+k_{cr}}{m_b} & \frac{k_{cr}l_{cr}-k_{cf}l_{cf}}{m_b} & -\frac{k_{tf}+k_{tr}+k_{cf}+k_{cr}}{m_b}\\
\frac{k_{eq}l_{sc}}{J_c} & -\frac{k_{cr}l_{cr}-k_{cf}l_{cf}+k_{eq}l_{sc}}{J_c} & \frac{k_{cr}l_{cr}-k_{cf}l_{cf}}{J_c} & -\frac{k_{cr}l_{cr}^2+k_{cf}l_{cf}^2+k_{eq}l_{sc}^2}{J_c} & \frac{k_{cr}l_{cr}-k_{cf}l_{cf}}{J_c}\\
0 & \frac{k_{cr}l_{br}-k_{cf}l_{bf}}{J_b} & \frac{k_{tf}l_f-k_{tr}l_r-k_{cr}l_{br}+k_{cf}l_{bf}}{J_b} & \frac{k_{cr}l_{cr}l_{br}+k_{cf}l_{cf}l_{bf}}{J_b} & \frac{k_{tf}l_f-k_{tr}l_r-k_{cr}l_{br}+k_{cf}l_{bf}}{J_b}
\end{bmatrix},
$$

$$
\boldsymbol{A}_{22}=\begin{bmatrix}
0 & 0 & 0 & 0 & 0\\
0 & -\frac{c_{cf}+c_{cr}}{m_c} & \frac{c_{cf}+c_{cr}}{m_c} & \frac{c_{cf}l_{cf}-c_{cr}l_{cr}}{m_c} & \frac{c_{cr}l_{br}-c_{cf}l_{bf}}{m_c}\\
0 & \frac{c_{cf}+c_{cr}}{m_b} & -\frac{c_{tf}+c_{tr}+c_{cf}+c_{cr}}{m_b} & \frac{c_{cr}l_{cr}-c_{cf}l_{cf}}{m_b} & \frac{c_{tf}l_f-c_{tr}l_r-c_{cr}l_{br}+c_{cf}l_{bf}}{m_b}\\
0 & -\frac{c_{cr}l_{cr}-c_{cf}l_{cf}}{J_c} & \frac{c_{cr}l_{cr}-c_{cf}l_{cf}}{J_c} & -\frac{c_{cr}l_{cr}^2+c_{cf}l_{cf}^2}{J_c} & \frac{c_{cr}l_{cr}l_{br}+c_{cf}l_{cf}l_{bf}}{J_c}\\
0 & \frac{c_{cr}l_{br}-c_{cf}l_{bf}}{J_b} & \frac{c_{tf}l_f-c_{tr}l_r-c_{cr}l_{br}+c_{cf}l_{bf}}{J_b} & \frac{c_{cr}l_{cr}l_{br}+c_{cf}l_{cf}l_{bf}}{J_b} & -\frac{c_{tf}l_f^2+c_{tr}l_r^2+c_{cr}l_{br}^2+c_{cf}l_{bf}^2}{J_b}
\end{bmatrix},\
\boldsymbol{B}_1=\begin{bmatrix}0\\0\\0\\0\\0\end{bmatrix},\
\boldsymbol{B}_2=\begin{bmatrix}-\frac{1}{m_s}\\-\frac{1}{m_c}\\0\\\frac{l_{sc}}{J_c}\\0\end{bmatrix},\
\boldsymbol{C}=
$$

$$
\begin{bmatrix}
-\frac{k_{eq}}{m_s} & \frac{k_{eq}}{m_s} & 0 & \frac{k_{eq}l_{sc}}{m_s} & 0 & 0 & 0 & 0 & 0 & 0\\
1 & -1 & 0 & -l_{sc} & 0 & 0 & 0 & 0 & 0 & 0\\
0 & 1 & 0 & l_{sc} & 0 & 0 & 0 & 0 & 0 & 0
\end{bmatrix},\
\boldsymbol{D}=\begin{bmatrix}-\frac{1}{m_s}\\0\\0\end{bmatrix},\
\boldsymbol{E}_1=\begin{bmatrix}0&0&0&0\\0&0&0&0\\0&0&0&0\\0&0&0&0\\0&0&0&0\end{bmatrix},
$$

$$
\boldsymbol{E}_2=\begin{bmatrix}
0 & 0 & 0 & 0\\
0 & 0 & 0 & 0\\
\frac{k_{tf}}{m_b} & \frac{k_{tr}}{m_b} & \frac{c_{tf}}{m_b} & \frac{c_{tr}}{m_b}\\
0 & 0 & 0 & 0\\
-\frac{k_{tf}l_f}{J_b} & \frac{k_{tr}l_r}{J_b} & -\frac{c_{tf}l_f}{J_b} & \frac{c_{tr}l_r}{J_b}
\end{bmatrix}。
$$

2.4.2 半车模型参数计算

这里以东方红 LX1604 轮式拖拉机配备东方红 1LFT-440 液压翻转调幅犁为研究对象，测量并计算拖拉机振动系统的参数值。

2.4.2.1 质心位置测量

拖拉机质心位置是影响其操纵稳定性、行驶平顺性和安全性的重要参数之一。拖拉机质心通常用离前后桥轴心的距离、偏离纵垂面的距离和离地高度描述。质心离前后桥的距离及偏离纵垂面的距离很容易通过测量四个车轮的荷载获得，而质心高度的测定相对来说较为困难。GB/T 3871.15—2006《农业拖拉机 试验规程 第15部分：质心》中规定了基于质量转移法的拖拉机质心高度测量方法，其特点是测得几何和力学参数后，用作图的方法求得质心高度。GB/T 12538—2023《道路车辆 质心位置的测定》中规定了基于质量反应法的汽车质心高度测定方法，与 GB/T 3871.15—2006 中的测量方法相同，但质心高度是用计算的方法求得，且只适用于前后轮直径相等的车辆，工程上采用的质心高度测量方法还有摇摆法、悬挂法和平台支撑反力法等，由于受测量精度和设备投入的限制，在拖拉机质心高度测量实践中应用较少。

拖拉机的机身与车轴之间一般为刚性连接，故可将拖拉机整机设定为刚体，其质心位置因此就不会随车辆轴荷的转移而变化（忽略燃油和液压油的流动影响）。基于质量反应法的拖拉机质心高度测量方法如图 2-32 所示。在测量质心高度前，先测得拖拉机的轴距、前后轮轮距、总质量、轴荷和前后轮静力半径。测量高度时，用起吊装置将拖拉机前轮轴缓慢吊起至设定的高度，调整吊索使之与地面保持垂直，测取前后轮左右侧中心至地面的垂直距离和悬吊力，计算前后轮左右侧中心至地面的垂直高度平均值，以提高车轴中心离地面高度测量的精度。为了进一步提高测量精度，将拖拉机前轮轴吊起到不同的高度，测取相应的悬吊力，分别计算对应的质心高度。

建立图 2-32 所示的坐标系。坐标原点为后轴中心，x 轴正向指向拖拉机行驶方向，z 轴垂直向上。设前轮静力半径为 R_f、后轮静力半径为 R_r，则前轮与后轮中心的高度差为 $h=R_r-R_f$。质心距后轴中心距离为 ρ_0，拖拉机在水平放置时质心的坐标为（x_0，z_0），吊起 θ 角后质心的坐标为（x_1，z_1），则拖拉机分别处于水平位置和倾斜位置时的几何关系表达式为

$$\begin{cases}x_0=\rho_0\cos\theta_0\\z_0=\rho_0\sin\theta_0\end{cases} \tag{2-59}$$

$$\begin{cases}x_1=\rho_0\cos(\theta+\theta_0)\\z_1=\rho_0\sin(\theta+\theta_0)\end{cases} \tag{2-60}$$

式中，θ_0 为拖拉机处于水平位置时质心的极角。由式（2-59）和式（2-60）可得

$$\begin{cases}x_1=x_0\cos\theta-z_0\sin\theta\\z_0=\dfrac{x_0\cos\theta-x_1}{\sin\theta}\end{cases} \tag{2-61}$$

建立拖拉机在水平位置和倾斜位置的力矩平衡方程，整理得

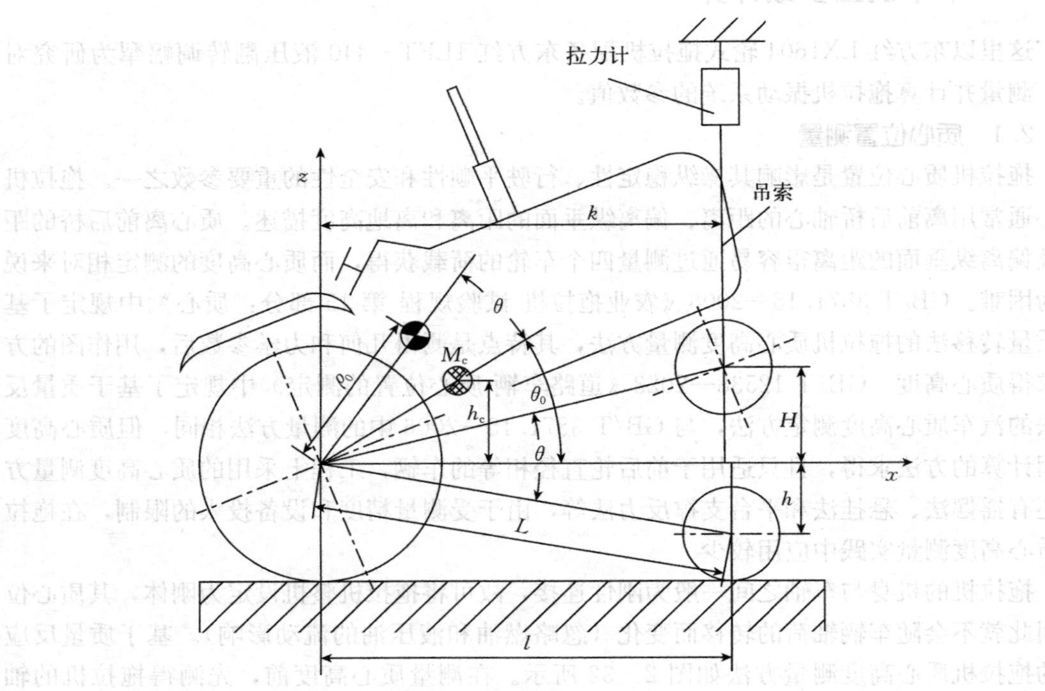

图 2-32 拖拉机质心位置测量方式

$$\begin{cases} x_0=\frac{m_{f1}}{M}l \\ x_1=\frac{m_{f2}}{M}k \end{cases} \tag{2-62}$$

根据图 2-32，可得出如下几何关系：

$$\sin\theta=\frac{hk+Hl}{L^2} \tag{2-63}$$

$$\cos\theta=\frac{lk-Hh}{L^2} \tag{2-64}$$

$$\tan\theta=\frac{hk+Hl}{lk-Hh} \tag{2-65}$$

$$L=\sqrt{l^2+h^2} \tag{2-66}$$

$$k=\sqrt{l^2+h^2-H^2} \tag{2-67}$$

由式（2-61）、式（2-62）和式（2-67）可得

$$z_0=\frac{l^2k(m_{f_1}-m_{f_2})-h(m_{f_1}lH+m_{f_2}hk)}{M(hk+Hl)} \tag{2-68}$$

则质心高度计算表达式为

$$Z_{CG}=z_0+R_r$$

$$=\frac{l^2k(m_{f_1}-m_{f_2})-h(m_{f_1}lH+m_{f_2}hk)}{M(hk+Hl)}+R_r \quad (2-69)$$

式中，m_{f_1} 为拖拉机在水平位置时前轴的轴荷；m_{f_2} 为拖拉机前端吊起 θ 角时前轴的轴荷。

测量前，按拖拉机厂定技术条件及国家标准要求加注各种液体，同时保证轮胎冷态气压在厂定胎压范围内，变速器处于空挡位置，驻车制动处于松开状态，使车辆轮胎可以自由滚动。测量拖拉机的总质量 M。将拖拉机置于水平状态下，测得拖拉机前后轮静力半径 R_f 和 R_r、轴 l。在测量过程中保持吊索与地面垂直。依次测取前轴不同悬吊高度时前后轴中心距地面的垂直距离和悬吊力。

2.4.2.2　转动惯量测量

绕质心的俯仰和侧倾转动惯量是拖拉机的重要技术参数，对拖拉机的操纵稳定性、行驶平顺性有着重要的影响。工程实际中通常用试验的方法来获取拖拉机绕质心的俯仰和侧倾转动惯量，如复摆法、扭摆法和自由衰减振动法等。采用复摆法和扭摆法需要构建结构庞大的测量装置，成本高、周期长，安装及实验操作的要求也高，且需要测量实验装置本身的转动惯量，增大了测量误差。用仿真的方法对拖拉机系统的振动特性进行研究时，如何获得拖拉机绕质心的俯仰和侧倾转动惯量一直是困扰研究人员的问题。最简单的方法是通过主观判断来设定拖拉机转动惯量值，但误差高，难以满足工程需要。也可以用精确计算的方法获得拖拉机绕质心的俯仰和侧倾转动惯量，即用三维 CAD 软件构建拖拉机的三维模型，定义模型的材料，通过计算的方法很容易计算转动惯量。但用这种方法的前提是有拖拉机的三维精确模型，对大多数拖拉机制造企业来说，不是一件容易的事情。通常的折中做法是，将拖拉机分解成一些简单的几何形体，如球体、圆柱体、长方体等进行近似估计。

这里直接通过建立拖拉机的三维数据模型，赋予不同部件材料属性后，直接测量拖拉机整机的转动惯量。

2.4.2.3　轮胎刚度与阻尼测量

早在 20 世纪 80 年代末，各国学者就已对拖拉机轮胎的刚度和阻尼进行了系统的试验研究，发现轮胎的径向刚度与轮胎截面宽度、轮辋直径、使用年限和充气压力有关，而阻尼系数主要由轮胎材料的阻尼特性和充气压力决定。英国的 Lines 等提出了用于拖拉机轮胎径向刚度和阻尼计算的经验公式。由于没有考虑轮胎的滚动，且所选择的轮胎类型和轮胎参数范围有限，所提出的经验公式适用范围受到限制。德国柏林工业大学的 Kising 等在自行研制的试验台上，对大型农用轮胎在滚动状态下的径向刚度和阻尼进行了研究，发现轮胎的径向刚度在滚动速度大于 5 km/h 时接近一常数，大小与充气压力有关，比非滚动时的刚度小 15%～25%；轮胎的阻尼特性随滚动速度的增加有较大的下降，到达 30 km/h 时降低 60%～70%，大于这一速度后，所有轮胎的阻尼比均接近 0.02，该研究主要针对特定的大型宽幅轮胎，且实验装置庞大，结构复杂。洛阳工学院刘任先用质量块、轮胎和摆杆组成摆振系统，试验研究了几种拖拉机轮胎刚度与阻尼，发现了农用轮胎刚度和阻尼的非线性特性，但实验数据还显示在变形位移较小时这两种计算的结果基本一致，即表现为线性关系。由于单摆摆动时转动惯量的影响，这种试验方法测得的结果存在一定的误差。葛剑敏等根据滚动动态测量法对 6.5－16 型轮胎的垂直滚动动态刚度和阻尼进行测试，得出轮胎在滚动状态下轮胎垂直刚度与轮胎滚动速度之间呈指数变化关系且在10 km/h时几乎趋于水平，而轮胎充气压力影响明显。吉林工业大学季学武通过对小汽车轮胎的实验研究表明，轮胎阻尼力是轮胎变形速率的线性函数，轮胎的弹性力是轮胎变形速率的2次多项式非线性函数；天津大学王洪礼等应用MATLAB建立汽车悬架系统非线性轮胎模型，仿真表明：非线性模型和线性模型在相同的路面激励下响应在大多数情况下幅值差别不是很大，用线性模型可以近似反映汽车悬架的性能；但在高激励幅值和高激励频率下二者的响应截然不同。中国农业大学彭超英对拖拉机6.0～12.0英寸的驱动轮胎进行研究并建立了动刚度轮胎数学模型，对模型分析表明，在低频范围可以用单自由度线性模型代替单自由度黏弹性轮胎模型。Laib在对多个大型农用轮胎的静态测量，得出轮胎的静刚度在一定的充气压力下基本是一定值，但随充气压力增大而增大；在滚动状态下随滚动速度的增大，刚度也有所增大；阻尼与激励的频率有关，频率大于15 Hz后阻尼基本不变。

以往对农用轮胎垂直刚度与阻尼特性的研究主要集中在整机下的轮胎刚度和阻尼测试，获取的刚度和阻尼是车辆各部相互耦合下的结果，无论研究车辆减振模型是1/4、1/2还是整机，由原理误差获取的近似数据使得研究结果有较大的误差。非道路车辆的行驶速度较低，对这类车辆的轮胎采用线性、非滚动模型获取的刚度和阻尼，同时考虑非滚动与滚动之间的关系获得的参数可以满足一定精度的振动分析。

南京农业大学朱思洪教授团队设计了一套基于自由振动对数衰减法的轮胎径向动刚度和阻尼测量装置，试验研究了国产中型拖拉机轮胎的径向刚度和阻尼，得出了拖拉机导向轮与驱动轮轮胎径向刚度和阻尼计算的回归方程，为减振振动的研究、车辆悬架的匹配提供相关参数，为拖拉机等非道路车辆设计悬架装置获得了准确合适的轮胎垂直刚度和阻尼。

基于自由振动对数衰减法的轮胎径向刚度和阻尼测试原理如图2-33(a)所示。轮胎及其轴荷简化为一有阻尼单自由度振动系统，其中m为轮胎质量、1/2轮轴及其附件质量和机身简化至车桥的等效质量的1/2之和。轮胎的弹性和阻尼特性用线性模型描述，刚度

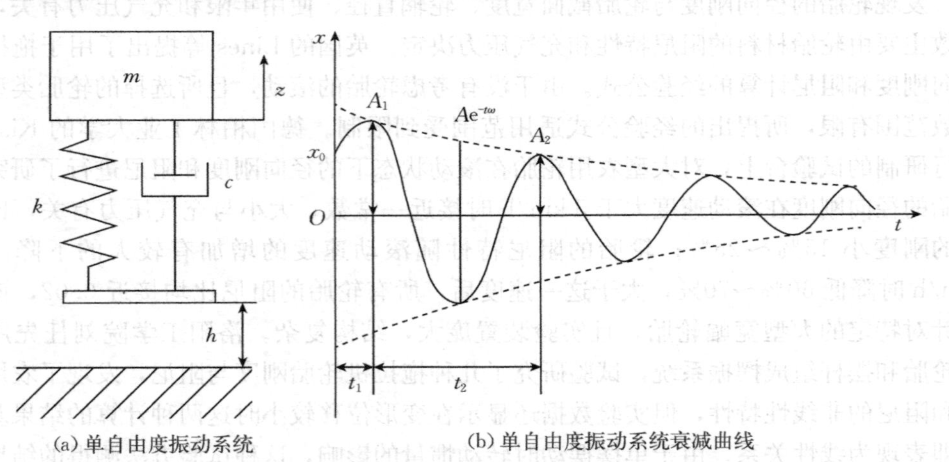

(a) 单自由度振动系统　　(b) 单自由度振动系统衰减曲线

图2-33　轮胎刚度和阻尼振动测试模型和衰减曲线

和阻尼系数分别用 k 和 c 表示。试验时，将车轮升至高度 h，使其自由下落，轮胎系统作自由衰减振动，其振动微分方程为

$$m\ddot{z}+c\dot{z}+kz=0 \tag{2-70}$$

式中，m、c 和 k 分别为系统的质量、阻尼系数和刚度系数。令 $\omega_n^2=\frac{k}{m}$，$\xi=\frac{c}{2m\omega_n}$，其中，ω_n 为系统固有频率，ξ 为阻尼比，则式（2-48）可写成

$$\ddot{z}+2\xi\omega_n\dot{z}+\omega_n^2 z=0 \tag{2-71}$$

将初始条件代入得到轮胎振动系统的解为

$$z=\frac{\sqrt{2gh}}{\omega_n}e^{-\left(\frac{c}{2m}\right)t}\sin\omega_n t \tag{2-72}$$

其衰减曲线如图 2-33(b) 所示，振动周期为

$$T=\frac{2\pi}{\omega_n\sqrt{1-\xi^2}}=\frac{2\pi}{\sqrt{\frac{k}{m}(1-\xi^2)}} \tag{2-73}$$

设相邻两振幅分别为 A_i 和 A_{i+1}，则有

$$\delta=\ln\frac{A_i}{A_{i+1}}=\xi\omega_n T \tag{2-74}$$

式中，δ 为对数衰减率，式（2-74）可扩展为

$$\delta=\frac{1}{j-i}\ln\frac{A_i}{A_{i+j}}=\frac{1}{j-i}\ln\frac{\ddot{z}_i}{\ddot{z}_{i+j}} \tag{2-75}$$

式中，$\ddot{z}_i$ 为第 i 点的径向振动加速度幅值；$\ddot{z}_{i+j}$ 为第 $i+j$ 点的径向振动加速度幅值。

将式（2-75）代入式（2-74）有

$$\xi=\frac{\delta}{\sqrt{\delta^2+(2\pi)^2}} \tag{2-76}$$

从而能够得到轮胎的径向刚度和阻尼系数计算表达式：

$$\begin{cases}k=\left(\frac{2\pi}{T}\right)^2\frac{m}{1-\xi^2}\\c=2\xi\sqrt{km}\end{cases} \tag{2-77}$$

郑恩来等设计开发的拖拉机轮胎径向刚度与阻尼试验台结构原理如图 2-34 所示，试验台系统包括支撑架 1、加速度传感器 2、称重板 3、吊环 4、轮胎 5、绳索 6、横梁 7、直线轴承梁 8、位移传感器 9、传感器支架 10、吸力板 11、磁悬浮升降机悬挂支架 12、磁悬浮升降机 13、地面 14、轮胎连接板 15、直线轴承 16、导杆 17。

支撑架包括立柱和上下矩形框架，直线轴承支承横梁固定在立柱上，直线轴承安装在导向套支座横梁上，测试轮胎通过轮胎连接盘固定于横梁上，根据轮胎承载的质量在横梁上加载相应砝码；连接在横梁上的导杆穿过直线轴承，固定在横梁上的钢丝绳穿过上、下框架上的吊环等吊起横梁及测试轮胎，钢丝绳的另一端连接在吸力盘上，吸力盘被吸附在固定于磁力起重器悬吊支架上的磁力起重器的下表面。通过控制磁力起重器的开关使起重器失去磁力，在重力的作用下固定于横梁的导杆沿直线轴承自由运动，实现测试轮胎的自由衰减运动。通过调整直线轴承支承横梁在立柱上的高度可

(a) 结构原理　　(b) 实物

图 2-34　拖拉机轮胎径向刚度和阻尼系数试验台

测试不同直径的轮胎。质量块的振动加速度信号测试采用基于虚拟仪器的振动测试系统，信号通过端子板、数据采集卡输入计算机。测量时用磁力起重器将轮胎吊离地面高度 h 后，关闭磁力开关，在重力作用下横梁带动导杆沿导套自由下落，轮胎撞击地面垫块后轮胎做自由衰减振动。固定在横梁上的加速度传感器测取轮胎加速度变化时间历程。

通过测试前轮和后轮轮胎，对测得的实验数据进行曲线拟合，从而得到前、后轮胎的径向刚度和阻尼系数方程。前轮轮胎的径向刚度系数表达式为

$$k_{\mathrm{f}}=134.3\ln p-366.2 \tag{2-78}$$

式中，k_{f} 为前轮轮胎的径向刚度（kN）；p 为轮胎充气压力（kPa）。

前轮轮胎阻尼系数表达式为

$$c_{\mathrm{f}}=\begin{cases}-9.14p+3\,600\\-1.01p+1\,688\end{cases} \tag{2-79}$$

式中，c_{f} 为前轮轮胎的阻尼系数（N・s/m）。

后轮轮胎的径向刚度系数 k_{r}（kN）表达式为

$$k_{\mathrm{r}}=0.658\ln p+287.4 \tag{2-80}$$

后轮轮胎阻尼系数表达式为

$$c_{\mathrm{r}}=\begin{cases}5.48p+3\,076.65, & 60\leqslant p<90\\-32.587p+6\,129.01, & 90\leqslant p<130\\0.93p+1\,918.72, & 130\leqslant p<220\end{cases} \tag{2-81}$$

式中，c_{r} 为后轮轮胎阻尼系数（N・s/m）。

2.4.2.4　驾驶室质量及转动惯量参数

东方红 LX1604 轮式拖拉机驾驶室的质量及转动惯量参数，能够直接通过三维 CAD 软件 CATIA 建模获取。建模所需零件结构、尺寸均由洛阳拖拉机研究所有限公司提供。赋予驾驶室各个零部件材料属性，如钢材或玻璃的密度，得到质量属性参数；在装配过程还考虑了拖拉机驾驶室各个零部件的几何位置，从而能够准确确定拖拉机驾驶室的质量中心等质量属性参数以及驾驶室的转动惯量参数。

综上所述，根据 GB/T 3871.2—2006《农业拖拉机 试验规程 第 2 部分：整机参数测量》和 GB/T 3871.15—2006《农业拖拉机 试验规程 第 15 部分：质心》，完成整车质量、零部件质量和质心位置的测量；采用自由衰减振动法可测量出整车的俯仰转动惯量；利用单自由度振动衰减法对轮胎的刚度和阻尼系数进行测量；利用振动试验台测量橡胶悬置的刚度和阻尼系数；驾驶室等其他参数由三维模型直接近似获取。LX1604 轮式拖拉机和 1LFT－440 液压翻转调幅犁的参数见表 2－13，集成座椅半主动悬架系统的拖拉机半车模型参数见表 2－14。

表 2－13　LX1604 轮式拖拉机和 1LFT－440 液压翻转调幅犁的参数

机型	参数	单位	参数值
LX1604 轮式拖拉机	长×宽×高	m×m×m	5.39×2.85×3.45
	标定功率	kW	117.7
	整备质量	kg	7 400
	最大配重质量	kg	400
	前轮半径	m	0.585
	后轮半径	m	0.85
	轴距	m	2.69
	前轮距	m	1.72
	后轮距	m	1.78
1LFT－440 液压翻转调幅犁	长×宽×高	m×m×m	4.45×2.33×1.75
	质量	kg	1 400
	配套动力	kW	95.6～147.1
	犁幅	m	1.4～1.8

表 2－14　集成座椅半主动悬架系统的拖拉机半车模型参数

参数名称	符号	单位	值
带农机具的底盘质量	m_b	kg	3 340
驾驶室质量	m_c	kg	187.5
人体-座椅质量	m_s	kg	75.5
前轮轮胎等效刚度	k_{tf}	N/m	327 200
后轮轮胎等效刚度	k_{tr}	N/m	468 600

（续）

参数名称	符号	单位	值
驾驶室前悬架刚度	k_{cf}	N/m	1 012 383
驾驶室后悬架刚度	k_{cr}	N/m	1 012 383
座椅悬架等效刚度	k_{eq}	N/m	5 808. 7
座椅被动悬架阻尼系数	c_s	N·s/m	250
前轮轮胎阻尼系数	c_{tf}	N·s/m	1 954. 8
后轮轮胎阻尼系数	c_{tr}	N·s/m	2 086. 1
驾驶室前悬架阻尼系数	c_{cf}	N·s/m	5 093
驾驶室后悬架阻尼系数	c_{cr}	N·s/m	5 093
前轮与底盘质心之间的水平距离	l_f	m	1. 8
后轮与底盘质心之间的水平距离	l_r	m	0. 89
驾驶室前支撑点与底盘质心之间的距离	l_{bf}	m	0. 51
驾驶室后支撑点与底盘质心之间的距离	l_{br}	m	0. 89
驾驶室前支撑点到驾驶室质心的距离	l_{cf}	m	0. 65
驾驶室后支撑点到驾驶室质心的距离	l_{cr}	m	0. 75
人体-座椅质心与驾驶室质心之间的距离	l_{sc}	m	0. 33
带农机具底盘的俯仰转动惯量	J_b	kg·m^2	9 963. 5
驾驶室的俯仰转动惯量	J_c	kg·m^2	125

2.5 本章小结

① 分析了拖拉机座椅悬架系统乘坐舒适性及其约束条件，为基于 MRD 的拖拉机半主动座椅悬架系统振动特性分析提供量化标准。

② 基于国内外农田不平度试验研究成果，归纳总结了我国常见农业机械行驶路面不平度参考等级，并基于滤波白噪声法等效重构了随机路面激励模型。基于颠簸试验障碍物轮廓，构建了三角形冲击路面激励模型。

③ 基于东方红 LX1604 轮式拖拉机驾驶室空间布置结构及带犁田间行驶工况，设计了座椅半主动悬架。根据动力学模型，针对座椅悬架承载质量、弹簧刚度、阻尼器阻尼对座椅悬架减振性能的影响进行了分析。利用主效应分析方法和贡献度分析方法，分析了不同变量共同作用时对评价指标的影响。通过对座椅悬架系统参数及减振性能特性优化分析，在座椅悬架固有频率激励下，响应指标 a、s、η 减振性能分别提升 66.41%、2.31%、8.19%。通过随机路面谱激励对优化前后座椅悬架进行验证，座椅悬架上平面加速度响应峰值处得到较大改善，座椅悬架上平面响应位移变小，变化更加平顺。表明了采用的多目标优化方法有效提升了座椅悬架的减振性能。

④ 建立了集成座椅半主动悬架系统的拖拉机半车模型，计算了模型的参数，为拖拉机座椅半主动悬架系统阻尼器型号的选择和控制方法的研究提供了理论基础与数据支持。

第3章 拖拉机座椅半主动悬架变阻尼特性建模

基于垂向等效阻尼力控制的集成座椅半主动悬架系统的拖拉机半车模型的执行元件为可控变阻尼减振器，采用MRD变阻尼特性对拖拉机座椅悬架系统的振动特性进行调节，衰减路面不平度激励传到人体的振动能量，改善驾驶员的乘坐舒适性。因此，建立MRD精确的变阻尼模型对拖拉机座椅半主动悬架系统控制方法的数值仿真和试验验证有非常重要的意义。

3.1 磁流变阻尼器动力学特性分析

磁流变阻尼器（MRD）的力学性能与磁场强度有关，通过改变MRD外加场域来调节其阻尼力的大小。分析研究MRD的工作原理及其动力学模型是实现MRD控制仿真和试验的前提条件。

3.1.1 工作原理分析

MRD根据结构可分为双筒双出杆、单筒双出杆和单筒单出杆三种形式，不同结构形式具有不同的特点，需根据具体要求进行设计和选用。单筒单出杆式磁流变阻尼器结构简单、成本低，本章对其进行研究。单筒单出杆式MRD的结构如图3-1所示，主要由缸体、活塞、活塞杆、磁流变液、线圈、蓄能器、环形孔和导线等组成。蓄能器用于保障活塞的自由运动和磁流变液的热膨胀。当活塞和活塞杆在缸体内往复运动时，通电的线圈在环形孔周围产生不同强度的磁场，改变磁流变液的流变特性，从而使得MRD的阻尼系数变化，实现变阻尼。

磁流变液（MRF）的特性决定了MRD的性能特性，MRD最早由Rabinow于1948年发明，主要由软磁性颗粒、基液和添加剂组成。当未加磁场时，磁流变液具有和牛顿流体相似的性质；施加磁场后，可迅速由液态变为类固态或固态，表现出塑性特性。磁流变液的剪切应力包括液体的黏性力以及屈服应力两个部分，其屈服强度随着磁场强度变化而发生改变。在施加磁场的情况下，其剪切应力可达到50～100 kPa；当撤除磁场时，可以迅速恢复为液态。磁流变液具有可控性、可逆性、良好的温度稳定性、对不纯介质的敏感性较低、耗能低、安全可靠等优点。软磁性颗粒是一种微米级的，具有高饱和磁化强度、高磁导率和低磁滞性特点的颗粒。目前应用最多的是羰基铁颗粒，尺寸一般为3～10 μm，

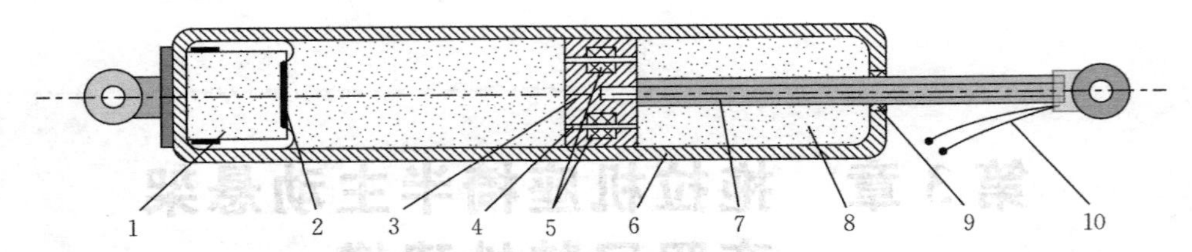

图 3-1　单筒单出杆式磁流变阻尼器结构

1. 蓄能器　2. 膜片　3. 活塞　4. 环形孔　5. 线圈

6. 缸体　7. 活塞杆　8. 磁流变液　9. 油封　10. 导线

颗粒的质量百分比通常为 15%～40%。基液是软磁性颗粒所能悬浮的连续媒介，具有低黏度、高沸点、低凝固点、化学性能稳定、无毒等特点，通常选用硅油、水和矿物油等。添加剂在 MRF 中含量较少（一般不超过 5%），主要用于提高 MRF 的沉降稳定性。

图 3-2 为 MRF 在无磁场和有磁场作用下的微观结构和工作原理。从图 3-2(a) 和 (c) 可以看出，在零磁场或无磁场作用下，MRF 的颗粒呈现混沌状态。从图 3-2(b) 和 (d) 可以看出，当在极板两端施加磁场后，磁性颗粒沿着磁场方向呈链或束状排列。外加磁场强度不同，形成的链或束状结构的数量、大小不同，磁场增强，链或束状结构的数量增加、长度加大、直径变粗，流体黏度变大，表现出的阻尼系数增大；反之，阻尼系数减小。而颗粒在磁场下呈链或束状的原因，也存在许多假说，其中代表性的有相变（或成

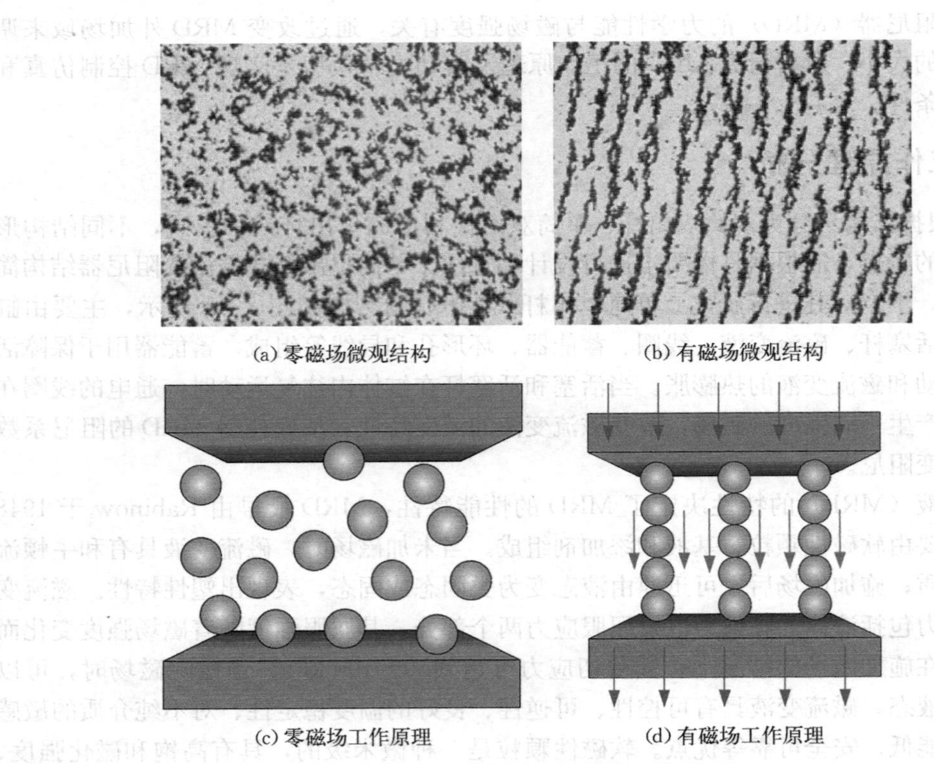

(a) 零磁场微观结构　(b) 有磁场微观结构

(c) 零磁场工作原理　(d) 有磁场工作原理

图 3-2　MRF 微观结构和工作原理

核）理论和场致偶极矩理论。相变成核理论认为在外加场强由零增高时，弥散在基液中的固体颗粒为随机状态，其迁徙和转动受热波动影响，被称作自由相。当场强增加到一定程度后，颗粒磁化，受热波动和场强两方面影响，某些颗粒互相靠拢成有序排列，称作有序相（或成核）。随后随着场强增加，这些有序相联成长链，且以长链为核心，吸收短链，使链变粗，构成固态相。相变观点能解释磁流变液的部分现象，但并没有被大多数人所接受，因而还需实验验证。与相变理论同时存在的是场致偶极矩理论，该理论认为在外加磁场作用下，每一颗粒都极化成磁偶极子，各个偶极子互相吸引形成链（或纤维），磁流变液流变效应强度与偶极子链的力的大小有关，静磁相互作用是该理论的基础。该理论能解释单链强度函数关系式的诸影响因素，也能解释链演变过程的外加场强的三个区域，但该理论不能解释链变粗过程以及强度和粒子体积百分比关系，也不能解释磁流变强度和粒子大小（单畴和多畴）间的关系。

上面两种理论体系所得出磁流变强度公式都与试验所得值相差很远，其根本原因是两者都假设弥散质粒子为一规则形状（球形），在磁场作用下球形颗粒完全磁化而互相靠近。实际上，粒子是非常不规则的，某些粒子可能互相嵌套，而且粒子表面又有活性剂包覆，或为双层结构，因而有人提出双层假设，这和电流变理论中双层理论类同。该理论既涉及磁化，又考虑到液体表面能。此理论在建立模型过程中遇到的困难较多，至今还未见成熟的公式出现。

MRD 的耗散特性受到 MRF 工作模式的直接影响，根据 MRD 的结构及受力特点将 MRD 的工作模式分为三种：流动式（或阀式）、剪切式和挤压式，如图 3－3 所示。图 3－3(a) 为流动模式，上、下极板固定，不同流速的磁流变液切割磁场改变流变特性，进而改变阻尼力。图 3－3(b) 为剪切模式，两极板相对平行做切割磁场运动，在场域中磁流变液受极板的剪切作用产生抗剪切应力。图 3－3(c) 为挤压模式，两极板相对运动，磁流变液被挤压在磁场中做切割磁场运动，流变特性发生改变，从而改变阻尼力。挤压式工作模式应用较少，仅用于小振幅振动和冲击阻尼器；剪切式工作模式常应用于车辆的刹车和离合系统中，作为制动器和离合器使用；流动式工作模式广泛应用于车辆减振器。本章介绍的座椅 MRD 为流动式工作模式。

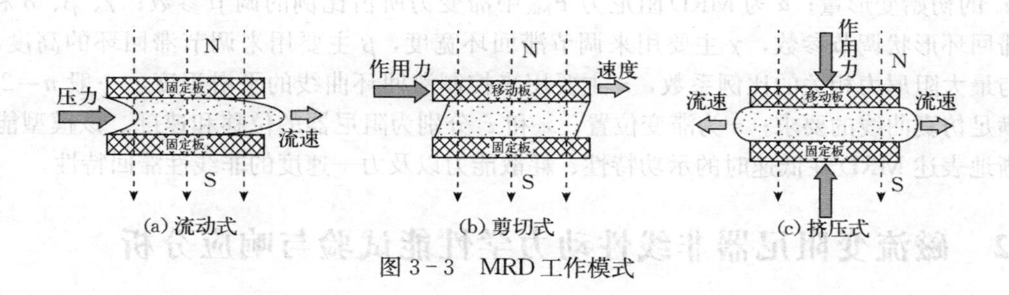

图 3－3　MRD 工作模式

3.1.2　参数化模型建立

MRD 座椅半主动悬架控制系统通过对 MRD 阻尼力大小的实时调节来改善拖拉机的振动特性。由于 MRD 表现出强烈的非线性滞回特性，使得其动力学模型的准确性及控制的精确性变得困难。为了能够准确描述磁流变阻尼器的非线性滞回特性，很多学者对MRD的建模工作投入了大量的研究，提出了多种恢复力模型，主要有物理模型、参数化模型和非参数化模型三种。其中，物理模型又称为静力学模型，通过MRD电磁场的变化与MRF之间作用的关系对MRD的本构力学特性进行描述，主要用于MRD结构设计；参数化模型和非参数化模型需要结合试验数据对MRD进行建模，参数化模型对试验数据的质量要求较低，也是目前较常用的一种建模方法。

常见的参数化模型主要有Bingham及其修正模型、修正的Dahl模型、非线性滞回双黏性模型、Sigmoid模型、Bouc－Wen模型、现象模型等。非参数化模型主要包括多项式模型、曲线拟合模型、黑箱子模型、神经网络模型等。由于参数化模型是依据MRD的工作机理而建立起来的，较非参数化模型具有更好的可行性。在参数化模型中，Bouc－Wen模型能够较精确地模拟MRD的非线性滞回特性，且较现象模型简单，计算量少，在实际问题仿真研究中，国内外学者大多采用Bouc－Wen模型。因此，采用Bouc－Wen模型对MRD的动力学模型进行简化分析和参数化辨识。

MRD的动力学模型的阻尼力F_{MR}常表示为控制电流I、活塞的相对位移x和速度$\dot{x}$的函数，其数学表达式为

$$F_{MR}=f(I,\ x,\ \dot{x}) \tag{3-1}$$

Bou－Wen模型最早由Wen于1976年提出，如图3－4所示，主要由滞回系统、弹性元件和黏滞阻尼器单元并联组成。Bouc－Wen模型在描述MRD滞回特性方面应用较为广泛，可以对MRD的非线性滞回特性进行精确的描述，且易于数值计算。Bouc－Wen模型的数学表达式为

$$\begin{cases}F_{MR}=c_0\dot{x}+k_0(x-x_0)+\alpha z\\ \dot{z}=-\gamma|\dot{x}|z|z|^{n-1}-\beta\dot{x}|z|^n+\delta\dot{x}\end{cases} \tag{3-2}$$

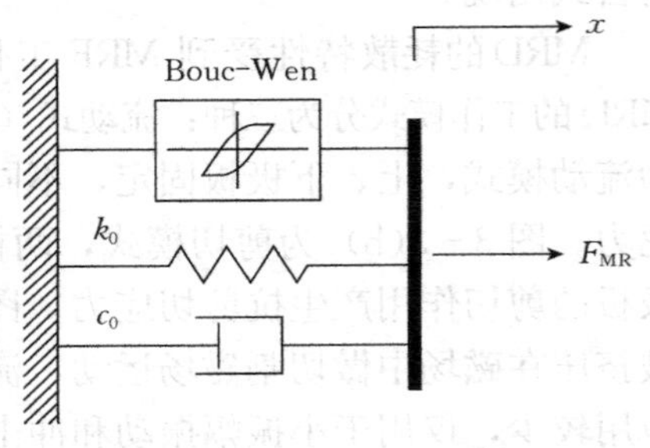

图3－4　Bouc－Wen模型

式中，F_{MR}为MRD的阻尼力；c_0表示黏滞阻尼系数；k_0为阻尼器刚度系数；x_0为线性弹簧k_0的初始变形量；α为MRD阻尼力F_{MR}中滞变力所占比例的调节参数；γ、β、δ和n为滞回环形状调节参数，γ主要用来调节滞回环宽度，β主要用来调节滞回环的高度，δ为与最大阻尼力相关的比例系数，n主要用来控制滞回环曲线的平滑程度，一般$n=2$就能满足仿真曲线的要求；z为滞变位置；x和$\dot{x}$分别为阻尼器的位移和速度。该模型能够清晰地表述MRD在低速时的示功特性、耗散能力以及力—速度的非线性滞回特性。

3.2　磁流变阻尼器非线性动力学性能试验与响应分析

由于磁流变效应的复杂性，目前还没有公认的MRD动力学计算模型，至今仍然有大量的文献研究，力图找到精度更高、更适合半主动控制要求的MRD模型。试验法是目前研究和应用最多的方法，即根据试验数据，采用不同的智能优化算法对参数进行辨识，从而构建MRD动力学模型。通过对MRD进行试验，并对试验数据进行分析，获得座椅悬

架系统半主动控制输入和输出之间的关系，对后期的控制仿真具有非常重要的意义。

3.2.1　非线性动力学性能试验

根据第 2 章座椅半主动悬架系统的设计分析，选用 Lord 公司研制的 RD－8040－1 型 MRD 作为半主动控制的执行单元，主要性能参数见表 3－1。

表 3－1　MRD 主要性能参数

参数	参数值	参数	参数值
活塞行程	0.055 m	阻尼力	电流为 1 A、速度为 0.05 m/s 时，$F \geqslant 2\,447$ N； 电流为 0 A、速度为 0.20 m/s 时，$F \leqslant 667$ N
外筒直径	0.042 m	电阻	室温时为 5 Ω，71 ℃时为 7 Ω
活塞杆直径	0.01 m	输入电流	连续输入最大值为 1 A（不超过 30 s），间歇最大输入为 2 A
最大拉伸长度	0.208 m	输入电压	12 V

利用 MTS 液压伺服减振器试验台对 MRD 的动力学特性进行测试，如图 3－5 所示。该试验台主要由激振器、传感器（力传感器和位移传感器）、控制器、直流稳压电源、夹具和信号显示装置（PC）组成。MRD 通过上、下夹具分别与力传感器和激振器连接。通过 PC 输入正弦激励信号，MTS 控制器将电信号转化为液压伺服作动器的控制信号，实现 MRD 的激励运动。力传感器和位移传感器将信号传递给 MTS 控制器，实现信号的采集和存储，并实时输出到 PC 进行显示。在测试过程中，直流稳压电源实现对电流的调节。

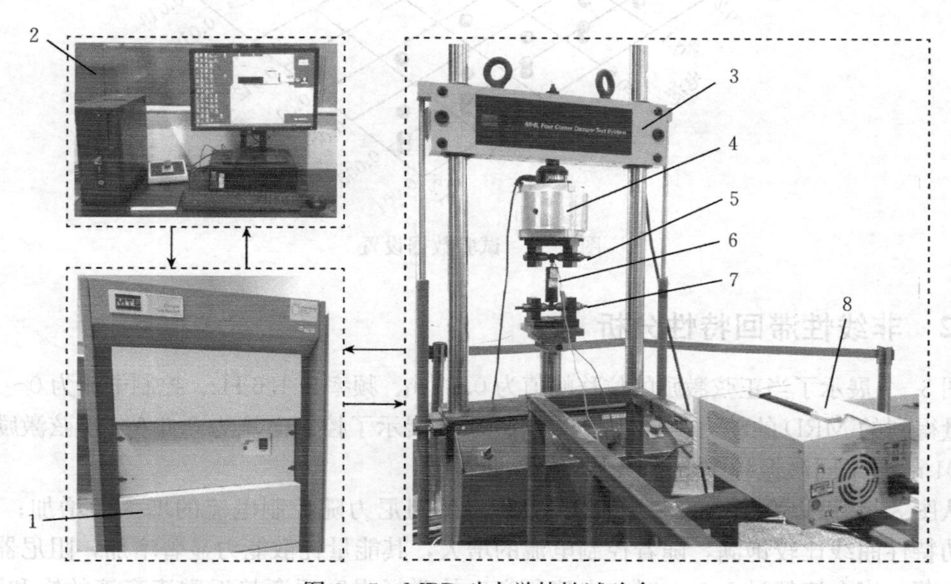

图 3－5　MRD 动力学特性试验台

1. MTS 控制器　2. 上位机　3. MTS 减振器试验台　4. 力传感器　5. MRD 上夹具　6. MRD　7. MRD 下夹具　8. 直流稳压电源

为了研究正弦激励下，幅值、频率和电流对 MRD 动力学特性的影响，设置激振频率范围为 0～6.4 Hz，幅值范围为 0～0.02 m，输入电流值在 0～1.2 A 范围变化，电流变化间隔为 0.2 A。具体的试验数据设置如图 3-6 所示，水平坐标为电流值和正弦激励的幅值，幅值实验数据集为 0.05 m、0.01 m、0.015 m 和 0.02 m，垂直坐标为减振器活塞运动速度。根据 QC/T 491—2018《汽车减振器性能要求及台架试验方法》对 MRD 进行试验，正弦激励下频率、幅值和活塞运动速度之间可以换算，每次试验均在 MRD 工作行程的中间位置进行，试验过程中活塞往复运动的中点位置与工作行程中间位置偏差不超过工作行程的 5%。本次试验共进行 280 组，每组测试 10 个行程。

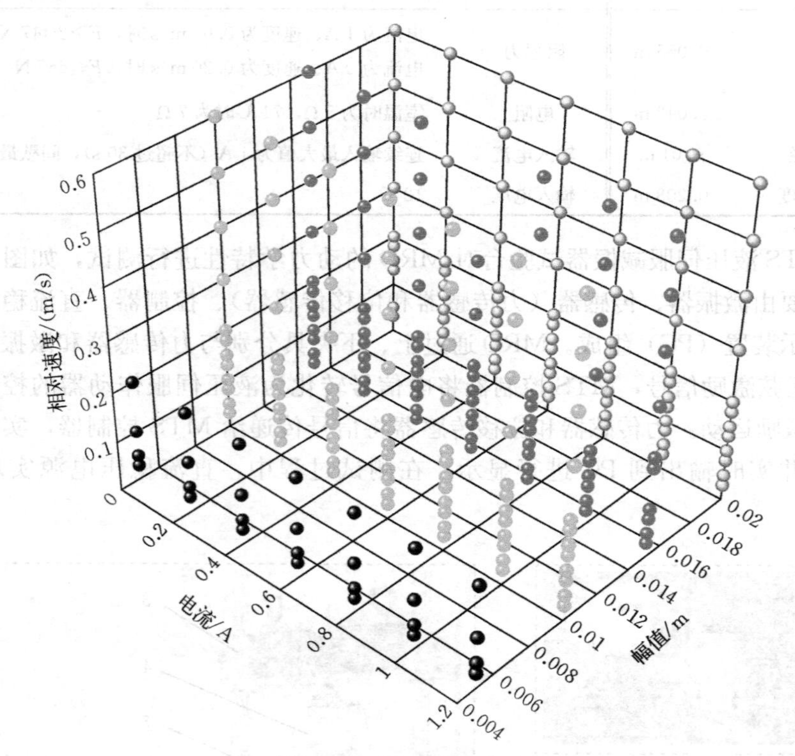

图 3-6 试验数据设置

3.2.2 非线性滞回特性分析

图 3-7 展示了当正弦激励的位移幅值为 0.01 m、频率为 1.6 Hz、控制电流为 0～1.2 A 时测量得到的 MRD 的动力学特性曲线。图 3-8 展示了控制电流为 0.6 A、正弦激励幅值为 0.01 m 时不同激振频率下的动力学特性曲线。

从图 3-7 可以看出，正弦激励下，MRD 的阻尼力随控制电流的增大而增加；MRD 的示功特性曲线比较饱满，随着控制电流的增大，其能量耗散能力显著增加，阻尼器减振效果显著；当电流超过 1.0 A 时，电流所产生的磁场强度逐渐趋近磁流变液的饱和强度，其阻尼力的增加幅度减小。从图 3-8 可以看出，当电流一定时，MRD 最大阻尼力随着激振频率的增大而增加，呈正相关；激振频率影响着阻尼器的最大运动速度，而对 MRD 的

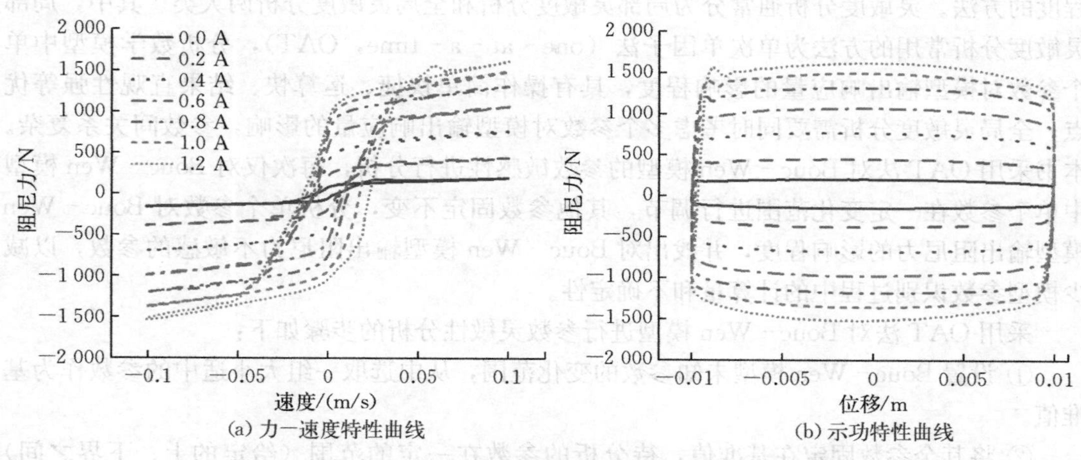

(a) 力—速度特性曲线　(b) 示功特性曲线

图 3－7　频率为 1.6 Hz 时不同电流下 MRD 动力学特性曲线

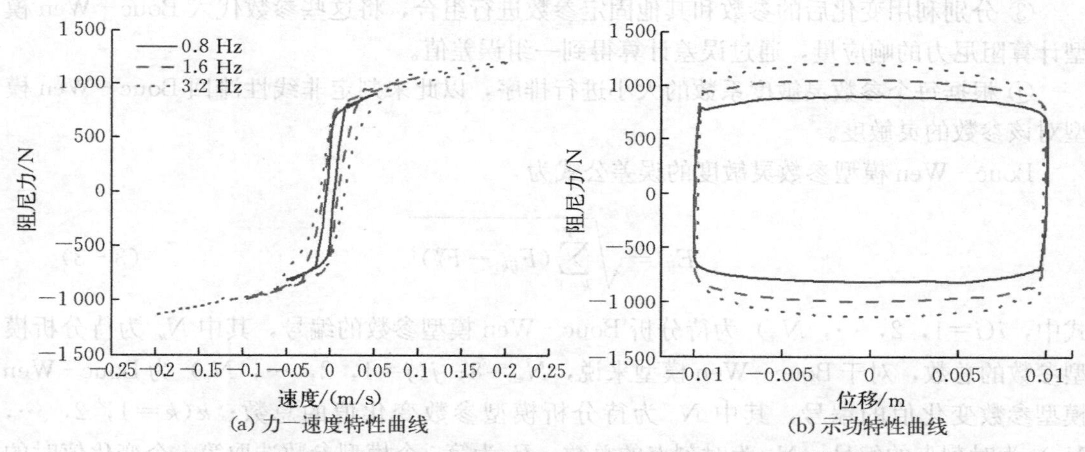

(a) 力—速度特性曲线　(b) 示功特性曲线

图 3－8　控制电流为 0.6 A 时 MRD 在不同激振频率下动力学特性曲线

滞回特性影响不显著。其他组试验数据，与上述分析结果一致，MRD 阻尼力的大小与控制电流、激振频率和激振幅值呈显著的非线性关系。

3.3　磁流变阻尼器 I－Bouc－Wen 模型建立与分析

为了解决磁流变阻尼器 Bouc－Wen 模型辨识参数多、辨识精度低和辨识方法复杂的问题，提出了一种基于参数灵敏度分析和烟花算法的磁流变阻尼器 Bouc－Wen 模型参数辨识方法，并建立关于电流控制的 Bouc－Wen 简化模型（I－Bouc－Wen 模型），为 MRD 在拖拉机座椅半主动悬架系统控制方法的研究奠定理论基础。

3.3.1　Bouc－Wen 模型灵敏度分析

灵敏度分析（sensitivity analysis，SA）是研究系统输出响应量对系统输入参数敏感程度的方法。灵敏度分析通常分为局部灵敏度分析和全局灵敏度分析两大类。其中，局部灵敏度分析常用的方法为单次单因子法（one - at - a - time，OAT），分析数学模型中单个参数对模型输出响应量的影响程度，具有操作简单快捷、运算快、结果直观性强等优点；全局灵敏度分析需要同时考虑多个参数对模型输出响应量的影响，参数间关系复杂。本书采用 OAT 法对 Bouc - Wen 模型的参数敏感性进行分析，每次仅对 Bouc - Wen 模型中单个参数在一定变化范围进行调节，其他参数固定不变，分析单个参数对 Bouc - Wen 模型输出阻尼力的影响程度，并找出对 Bouc - Wen 模型输出阻尼力不敏感的参数，以减少模型参数识别过程中的计算量和不确定性。

采用 OAT 法对 Bouc - Wen 模型进行参数灵敏性分析的步骤如下：

① 设置 Bouc - Wen 模型未知参数的变化范围，从中选取一组大小适中的参数作为基准值。

② 将其余参数固定在基准值，待分析的参数在一定的范围（给定的上、下界之间）以一定的间隔值在其基准值为中心点依次变化。

③ 分别利用变化后的参数和其他固定参数进行组合，将这些参数代入 Bouc - Wen 模型计算阻尼力的响应量，通过误差计算得到一组误差值。

④ 根据每个参数灵敏度系数的大小进行排序，以此来判定非线性滞回 Bouc - Wen 模型对该参数的灵敏度。

Bouc - Wen 模型参数灵敏度的误差公式为

$$E_{ij}=\sqrt{\sum_{k=1}^{N_P}(F_{ijk}-F_k^0)^2} \tag{3-3}$$

式中，$i(i=1，2，\cdots，N_m)$ 为待分析 Bouc - Wen 模型参数的编号，其中 N_m 为待分析模型参数的总数，对于 Bouc - Wen 模型来说，$N_m=8$；$j(j=1，2，\cdots，N_v)$ 为 Bouc - Wen 模型参数变化值的编号，其中 N_v 为待分析模型参数变化值的总数；$k(k=1，2，\cdots，N_P)$ 为时刻点的编号；N_P 为时刻点的总数；E_{ij} 为第 i 个模型参数选取第 j 个变化值时的误差值；F_{ijk} 为第 i 个模型参数在选取第 j 个变化值时由 Bouc - Wen 模型计算得到的第 k 时刻的阻尼力；F_k^0 表示设置所有模型参数为基准值时，由 Bouc - Wen 模型计算得到的第 k 时刻的阻尼力。

Bouc - Wen 模型第 i 个参数的灵敏度系数为

$$S_i=\max_{j}^{N_v}(E_{ij}) \tag{3-4}$$

根据灵敏度系数 S_i 的数值大小，可以确定 Bouc - Wen 模型对各模型参数的灵敏度。S_i 越大，说明 Bouc - Wen 模型对该参数的敏性越高。

Bou - Wen 模型待辨识的参数向量为

$$\Theta=[X_1，X_2，\cdots，X_8]=[c_0，k_0，x_0，\alpha，\gamma，\beta，\delta，n]^{\mathrm{T}} \tag{3-5}$$

结合文献中的理论研究和磁流变阻尼器试验测试结果，给定 Bouc - Wen 模型中 8 个未知参数的取值范围及基准值，见表 3 - 2。

表3-2　磁流变阻尼器 Bouc-Wen 模型参数取值

参数	c_0/(N·s/m)	k_0/(N/m)	x_0/m	α/(N/m)	γ/m^2	β/m^2	A	n
取值范围	0～0.01	0～0.01	−0.003～0.003	0.03～0.12	0～0.02	0～0.003	0.075～0.085	2
基准值	0.005	0.005	0	0.075	0.01	0.001 5	0.08	2

按照OAT法分析步骤，对Bouc-Wen模型中的8个未知参数进行分析，通过MATLAB软件编程计算，得到图3-9所示的灵敏度误差变化情况和每个参数对Bouc-Wen模型的敏感度百分数。由图3-9可知，Bouc-Wen模型对γ、c_0、α和k_0的灵敏度最大，其灵敏度百分比分别为43.17%、37.15%、12.25%和3.72%；对x_0、β、A和n的灵敏度最小，均小于2%。

将模型灵敏度最小的4个参数x_0、β、A和n赋予基准值，即$x_0=0$ m，$\beta=0.001\,5$ m^{-2}，$A=80$，$n=2$，并代入式（3-2）中。灵敏度分析后的Bouc-Wen模型可简化为

$$\begin{cases}F_{MR}=c_0\dot{x}+k_0x+\alpha z\\ \dot{z}=-\gamma|\dot{x}|z|z|-1.5\dot{x}z^2+80\dot{x}\end{cases} \tag{3-6}$$

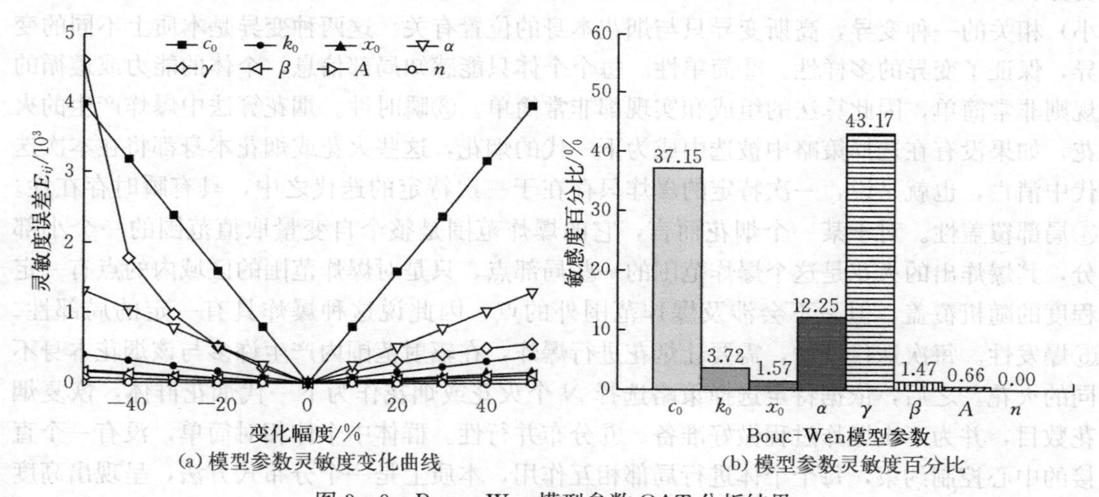

(a) 模型参数灵敏度变化曲线　　(b) 模型参数灵敏度百分比

图3-9　Bouc-Wen模型参数OAT分析结果

通过对Bouc-Wen模型进行灵敏度分析，未知参数减少为4个（c_0、k_0、α和γ），与原Bouc-Wen模型相比，灵敏度分析后的模型参数减少了一半，降低了参数辨识难度和计算量。

3.3.2　动力学模型参数辨识

采用烟花算法对灵敏度分析后的Bouc-Wen简化模型进行参数辨识，并根据辨识参数与控制电流的关系进行数据拟合分析，进而得到MRD关于控制电流的数学模型（I-Bouc-Wen模型）。

烟花算法（fireworks algorithm，FWA）是由谭营团队提出来的一种新型群智能优化算法。受到烟花在夜空中绽放的启发，烟花不断地产生更多的火花，火花在一定范围生成新的炸点，爆炸后在其周围产生更多的新火花，不同的烟花会在不同的区域产生大量的火花，这个过程非常类似于空间寻优的搜索算法，是一种并行弥漫式搜索算法。烟花算法主要由爆炸算子、变异操作、映射规则和选择策略四大部分组成。爆炸算子包括爆炸强度、爆炸幅度、位移变异等操作，变异操作主要包括高斯变异操作等，映射规则包括有模运算规则、镜面反射规则和随机映射规则等操作，选择策略包括有基于距离的选择和随机选择等操作。

烟花算法不仅继承了现有群体智能优化算法的许多优点，还具有明显的自身特色，烟花算法具有多样性、简单性、瞬时性、局部覆盖性、爆发性、分布并行性、可扩充性、涌现性和适应性等优点：①多样性。首先，通过一定的选择机制，使选择保留下来的烟花具有不同的位置，以保证算法的多样性特征。其次，爆炸强度和爆炸幅度的多样性，即在爆炸强度的作用下，根据各个烟花的优良度不同（适应度函数值大小不同），各个烟花产生不同个数的火花。在爆炸幅度的作用下，根据各个烟花不同的优良度，各个烟花产生的火花拥有不同的变异幅度。最后，爆炸算子中的多种变异共存，正如烟花有多个隔层那样，设计出的爆炸幅度中存在有多种变异。目前有两种变异：一种是位移变异，另一种是高斯变异。其中，位移变异是跟自变量的取值区间及粒子本身的优良度（决定了变异幅度的大小）相关的一种变异，高斯变异只与烟花本身的位置有关。这两种变异是本质上不同的变异，保证了变异的多样性。②简单性。每个个体只能感知局部信息，个体的能力或遵循的规则非常简单，因此算法的组成和实现都非常简单。③瞬时性。烟花算法中爆炸产生的火花，如果没有在选择策略中被选中成为下一代的烟花，这些火花或烟花本身都将在本次迭代中消亡，也就是说，一次特定的爆炸只存在于一次特定的迭代之中，具有瞬时存在性。④局部覆盖性。对于某一个烟花而言，它的爆炸范围是整个自变量取值范围的一个小部分，其爆炸出的火花是这个爆炸范围的一些局部点，只是对爆炸范围的区域内的点有一定程度的随机覆盖，但是不会涉及爆炸范围外的点，因此说这种爆炸具有一定的局部性。⑤爆发性。每次迭代开始，需要让烟花进行爆炸，在辐射范围内产生许多与该烟花本身不同的火花。之后，依据特定选择策略选择 N 个火花或烟花作为下一代烟花群体，恢复烟花数目，并为下次爆炸过程做好准备。⑥分布并行性。群体中个体相对简单，没有一个直接的中心控制约束，每个个体进行局部相互作用，本质上是一个分布式方法，呈现出高度并行的特色，特别适合并行化处理。⑦可扩充性。由于个体相对独立，个体间的协作通常通过间接的方式实现信息交流，增加或减少部分个体，对系统的影响都不剧烈，从而保证系统具有很强的可扩展性。⑧涌现性。使用简单交互规则，通过协同与竞争方式个体间相互作用，其群体总体表现出来的单个个体不具有的复杂行为呈现出智能的特点。涌现现象是以相互作用为中心的，它比单个行为的简单累加要复杂。⑨适应性。由于只使用各个个体的适应性来对系统求解能力进行评估，因此对所求解问题的要求非常低，甚至不要求所求解问题具有显式的表达。

烟花算法的工作机制如图 3－10 所示。烟花算法的工作过程与一般群体智能优化算法相似，首先随机选择 N 个烟花初始化群体，然后让群体中的每个烟花经历爆炸操作和变异操作，并应用映射规则保证变异后的个体仍处于可行域内，最后在保留最优个体（即精英策略）的前提下，应用选择策略从生成的所有个体（烟花和火花）中选择出余下的 $N-1$ 个个体，共同组成下一代的群体。这样周而复始，逐一迭代下去。通过这种交互传递信息（直接或间接地）使群体对环境的适应性逐代变得越来越好，从而求得问题的全局最优解的足够好的近似解。采用烟花算法进行优化的步骤如下：

① 烟花初始化。在特定的解空间中随机产生一些烟花，每一个烟花代表解空间的一个解，并设置烟花算法的相关运行参数，即烟花数量、火花个数、终止条件、变异概率等参数。

② 根据适应度函数计算每一个烟花的适应度值，并由适应度值产生一定数量的火花。

③ 设计产生火花的算子，即确定出爆炸算子、变异算子、映射规则和选择策略。

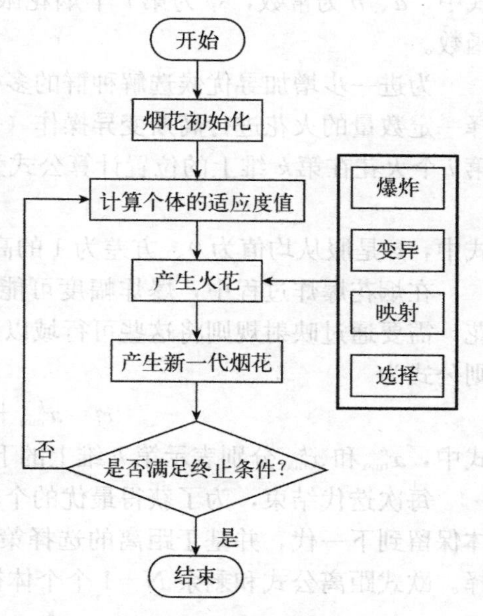

图3-10 烟花算法流程

④ 判断是否满足迭代终止条件，若不满足条件，跳到步骤（2）继续循环，如果满足条件，则停止搜索。

火花产生的数量和范围主要由爆炸算子、变异算子、映射规则和选择策略决定，其中，爆炸算子主要由爆炸强度、爆炸幅度和位移操作组成。第 i 个烟花爆炸产生的火花数目 S_i、爆炸幅度 A_i 和位移操作的计算公式分别为

$$\begin{cases} S_i = m\dfrac{Y_{\max} - f(x_i) + \varepsilon}{\sum\limits_{i=1}^{N}(Y_{\max} - f(x_i)) + \varepsilon} \\ A_i = \hat{A}\dfrac{f(x_i) - Y_{\min} + \varepsilon}{\sum\limits_{i=1}^{N}(f(x_i) - Y_{\min}) + \varepsilon} \\ \Delta x_i^k = x_i^k + \mathrm{rand}(0, A_i) \end{cases} \tag{3-7}$$

式中，m 是用来限制产生火花总数的一个常数；$Y_{\max}$ 为当前烟花种群中适应度值最大值；$f(x_i)$ 为个体 x_i 的适应度值；ε 为计算机默认的极小常数，用以避免分母为零的情况；N 为烟花的数量；$\hat{A}$ 为常数，表示最大的爆炸幅度；$Y_{\min}$ 为当前烟花种群中适应度最小值；k 表示计算维度；$\mathrm{rand}(0, A_i)$ 表示在幅度 A_i 内生成的均匀随机数。

为了限制烟花爆炸产生火花数量过多或过少，每个烟花产生火花数量的限制公式为

$$\hat{s}_i = \begin{cases} \mathrm{round}(am), & S < am \\ \mathrm{round}(bm), & S > bm, \quad a < b < 1 \\ \mathrm{round}(S_i), & 其他 \end{cases} \tag{3-8}$$

式中，a、b 为常数，$\hat{s}_i$ 为第 i 个烟花限制产生火花的数量，round（）为四舍五入取整函数。

为进一步增加寻优候选解种群的多样性，烟花算法引入了高斯变异算子，每次迭代选择一定数量的火花进行高斯变异操作（每次爆炸引入 B 个这种类型的火花）。高斯变异对第 i 个火花在第 k 维上的位置计算公式为

$$x_i^k = x_i^k \cdot g \tag{3-9}$$

式中，g 是服从均值为 0、方差为 1 的高斯分布的随机数。

在烟花爆炸过程中，爆炸幅度可能覆盖到可行域范围以外，从而产生一些越界的火花，需要通过映射规则将这些可行域以外的火花映射到可行域范围，采用模运算的映射规则公式为

$$x_i^k = x_{\min}^k + |x_i^k| \% (x_{\max}^k - x_{\min}^k) \tag{3-10}$$

式中，$x_{\min}^k$ 和 $x_{\max}^k$ 分别表示第 k 维上的下边界和上边界；%代表模运算。

每次迭代结束，为了获得最优的个体并保证新一代种群的多样性，烟花算法将最优个体保留到下一代，并基于距离的选择策略对其余 $N-1$ 个个体采用轮盘赌的方式进行选择。欧式距离公式和剩余 $N-1$ 个个体被选择的概率分别为

$$R(x_i) = \sum_{j=1}^{K} d(x_i, x_j) = \sum_{j=1}^{K} \| x_i - x_j \| \tag{3-11}$$

$$p(x_i) = \frac{R(x_i)}{\sum_{j \in K} R(x_j)} \tag{3-12}$$

式中，$d(x_i, x_j)$ 表示任两个 x_i 和 x_j 之间的欧式距离；$R(x_i)$ 表示个体 x_i 与其他个体的距离之和；K 为爆炸算例和高斯变异产生的火花的位置的集合。

采用烟花算法进行多目标优化分析的数学表达式为

$$\begin{cases} \min \quad J = \sqrt{\dfrac{1}{N} \sum_{i=1}^{N} (F_i^{\text{Exp}} - F_i^{\text{Sim}})^2} \\ \text{s.t.} \quad \Theta_{\text{Lower}} \leqslant \Theta \leqslant \Theta_{\text{upper}} \end{cases} \tag{3-13}$$

式中，J 为适应度函数；F_i^{Exp} 为电流 I_j 作用下磁流变阻尼器输出的阻尼力的试验数据；F_i^{Sim} 为通过磁流变阻尼器模型仿真得到的阻尼力数据；Θ_{Lower} 和 Θ_{upper} 分别为灵敏度分析后的待辨识参数 Θ 的约束上限值和下限值。

设置烟花算法的参数如下：$N=5$，$m=50$，$\hat{A}=40$，$a=0.04$，$b=0.8$，$B=5$。Bouc-Wen 模型参数向量 Θ 的取值范围见表 3-3。

表 3-3 辨识参数初始取值范围

参数	c_0/(N·s/mm)	k_0/(N/mm)	x_0/mm	γ/mm^2
上限值	0	−10	−100	0
下限值	10	10	50	20

利用 MATLAB 软件进行编程计算，设置种群规模均为 50，迭代次数为 1 000 次，每组电流数据单独计算 10 次并取其均值。表 3-4 为正弦激励的振幅为 0.01 m、阻尼器活塞

杆运动速度为 0.1 m/s、电流为 0～1.2 A 的试验条件下磁流变阻尼器 Bouc - Wen 模型中四个未知参数的辨识结果。

表 3-4　不同电流下基于 FWA 算法的 Bouc - Wen 模型参数辨识结果

参数	I /A						
	0	0.2	0.4	0.6	0.8	1.0	1.2
c_0/(N·s/m)	811	1 607	2 703	3 697	4 439	5 690	7 653
k_0/(N/m)	0	0	0	450	1 294	3 039	7 711
α/(N/m)	31 865	135 646	199 354	206 155	191 513	137 697	120 991
γ/m^{-2}	7.017×10^6	19.692×10^6	12.251×10^6	5.751×10^6	2.611×10^6	3.48×10^5	6×10^4

3.3.3　I - Bouc - Wen 模型建立

为了进一步分析 MRD 简化模型辨识参数与控制电流的关系，采用数据拟合的方法对表 3-4 中参数间的关系进行分析。如图 3-11 所示，将辨识参数与对应电流进行参数拟合，c_0 拟合为关于电流 I 的二次函数，k_0 拟合为关于电流 I 的指数函数，α 拟合为关于电流 I 的三次多项式函数，γ 拟合为关于电流 I 的高斯函数，具体函数表达式为

$$\begin{cases} c_0=1.816I^2+3.254I+0.903 \\ k_0=0.0291e^{4.65I} \\ \alpha=329.6I^3-960.2I^2+751.1I+28.72 \\ \gamma=19.62e^{-\left(\frac{I-0.2213}{0.2181}\right)^2}+4.798e^{-\left(\frac{I-0.6112}{0.2407}\right)^2} \end{cases} \tag{3-14}$$

c_0、k_0、α 和 γ 的拟合效果见表 3-5。其中，SSE 为误差平方和，越接近于零，曲线拟合效果越好；R - square 为复相关系数，越接近于 1，曲线拟合效果越好；Adjusted R - square 为调整自由度以后的残差的平方，数值越接近于 1，曲线拟合效果越好；RMSE 为均方根误差。c_0、k_0、α 和 γ 与电流 I 的拟合函数达到了良好的拟合效果，满足函数计算的精度要求。

表 3-5　辨识参数与电流 I 数据拟合效果

拟合参数	SSE	R - square	Adjusted R - square	RMSE
c_0/(N·s/m)	273	992	988	261
k_0/(N/m)	50	999	999	100
α/(N/m)	2.841×10^5	987	975	9 731
γ/m^{-2}	2×10^4	1×10^6	1×10^6	4.8×10^4

将式（3-6）和式（3-14）联合，构建 MRD 的输出阻尼力关于电流控制的 Bouc - Wen 简化模型（I - Bouc - Wen 模型）表达式为

$$
\begin{cases}
F_{\mathrm{MR}}=c_0\dot{x}+k_0x+\alpha z\\
\dot{z}=-\gamma|\dot{x}|z|z|-1.5\dot{x}z^2+80\dot{x}\\
c_0=1.816I^2+3.254I+0.903\\
k_0=0.0291\mathrm{e}^{4.65I}\\
\alpha=329.6I^3-960.2I^2+751.1I+28.72\\
\gamma=19.62\mathrm{e}^{-\left(\frac{I-0.2213}{0.2181}\right)^2}+4.798\mathrm{e}^{-\left(\frac{I-0.6112}{0.2407}\right)^2}
\end{cases}
\tag{3-15}
$$

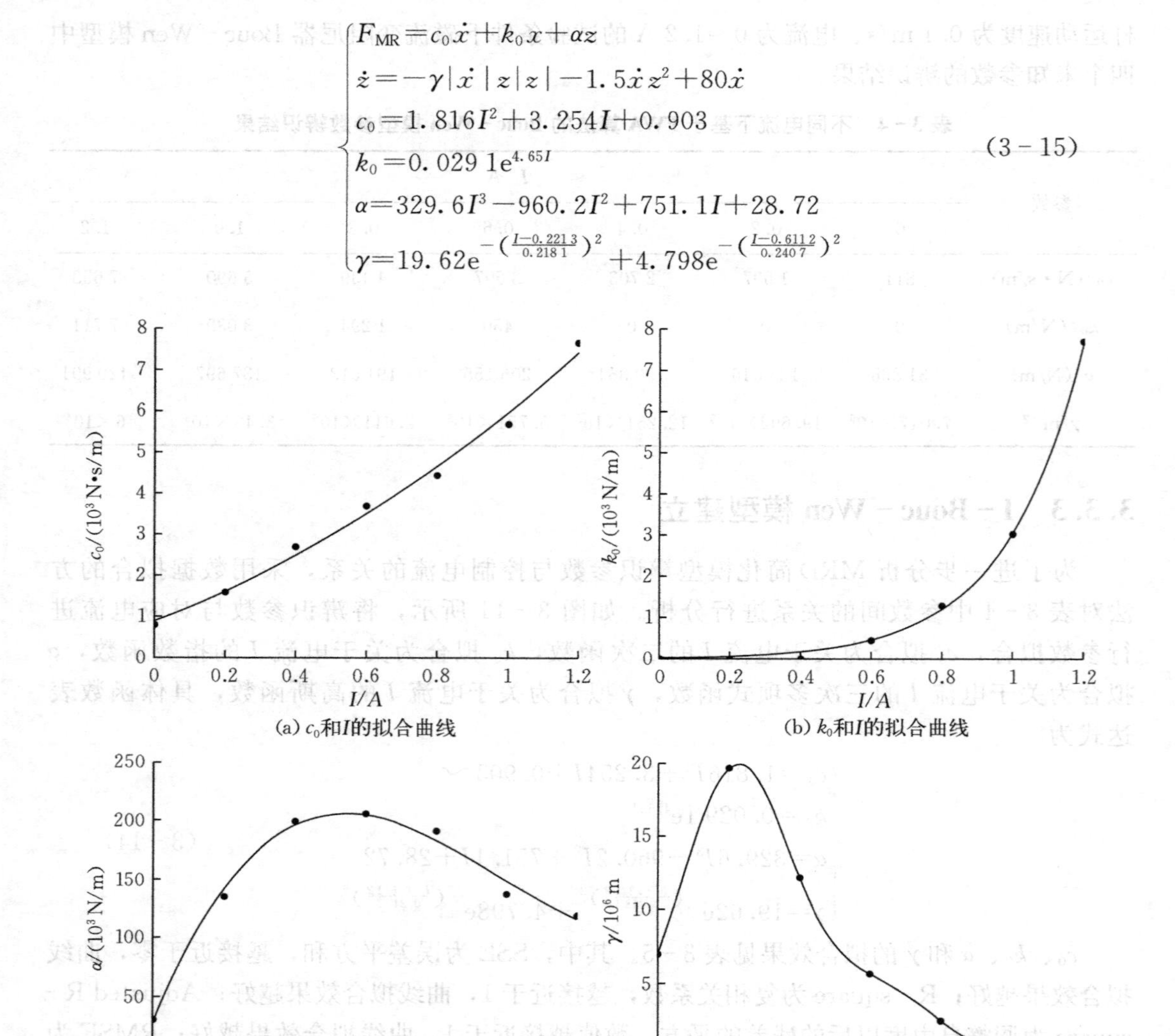

(a) c_0和I的拟合曲线　(b) k_0和I的拟合曲线

(c) α和I的拟合曲线　(d) γ和I的拟合曲线

图 3-11　Bouc-Wen 简化模型辨识参数与电流 I 的关系

3.3.4　I-Bouc-Wen 模型精度分析

为验证所构建的 MRD 模型的精确性和通用性，将式（3-15）与不同正弦激励下的试验数据进行对比，并采用式（3-16）对构建模型的精度进行评价。

$$
\varepsilon=\left[1-\frac{1}{p}\sum_{j=1}^{p}\left(\frac{1}{N}\sum_{i=1}^{N}\left|\frac{F_i^{\mathrm{Sim}}-F_i^{\mathrm{Exp}}}{F_i^{\mathrm{Exp}}}\right|\right)\right]\times 100\% \tag{3-16}
$$

式中，ε 为仿真模型数据计算精度；p 为施加电流的组数；N 为每组电流下一个完整周期内具有的数据点个数；F_i^{Sim} 为由模型得出的仿真数据；F_i^{Exp} 为由试验得出的实测数据。

根据精度公式（3-16）可以计算出磁流变阻尼器活塞杆运动速度为0.05 m/s、0.1 m/s和0.2 m/s三种激励情况下的试验数据模型精度分别为89.11%、92.56%和87.45%。仅利用FWA对Bouc-Wen模型参数辨识后的模型精度分别为88.64%、90.45%和81.28%。因此，基于灵敏度分析和烟花算法相结合的参数辨识方法建立的I-Bouc-Wen模型较仅利用FWA方法，使得模型精度平均提高了3%。

图3-12为I-Bouc-Wen模型在阻尼器活塞杆运动速度为0.05 m/s(0.8 Hz)、0.1 m/s(1.6 Hz)和0.2 m/s(3.2 Hz)下不同电流值的动力学特性与试验数据对比。由

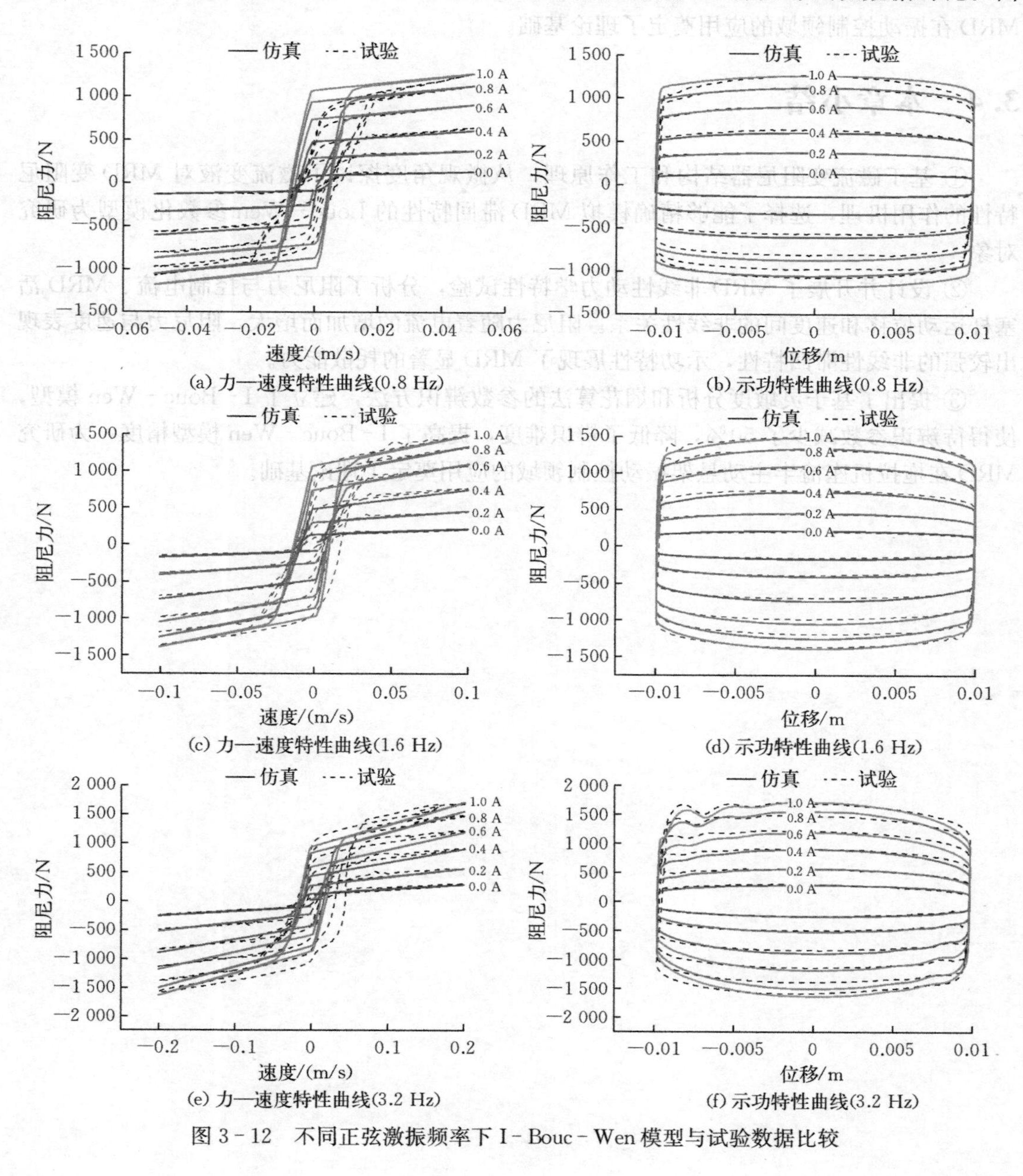

(a) 力—速度特性曲线(0.8 Hz)　(b) 示功特性曲线(0.8 Hz)

(c) 力—速度特性曲线(1.6 Hz)　(d) 示功特性曲线(1.6 Hz)

(e) 力—速度特性曲线(3.2 Hz)　(f) 示功特性曲线(3.2 Hz)

图3-12　不同正弦激振频率下I-Bouc-Wen模型与试验数据比较

图可知，基于本章所提方法构建 I - Bouc - Wen 模型的动力学特性与试验数据吻合程度高，特别在电流值为 0～1.0 A 时，构建的模型不仅能够较精确地描述磁流变阻尼器高速时力和速度的线性关系，也能准确描述低速时力和速度间的非线性滞回关系。通过敏感度分析、FWA 算法优化和参数拟合构建的磁流变阻尼器模型对不同电流和不同活塞杆运动速度下阻尼特性能够精确地描述，同时也验证了模型的通用性与准确性。

基于参数灵敏度分析和 FWA 算法的磁流变阻尼器 Bouc - Wen 模型参数辨识方法，减少了辨识参数，降低了辨识难度，提高了 I - Bouc - Wen 模型精度，为进一步研究 MRD 在振动控制领域的应用奠定了理论基础。

3.4 本章小结

① 基于磁流变阻尼器结构和工作原理，从微观角度探讨了磁流变液对 MRD 变阻尼特性的作用机理，选择了能够精确模拟 MRD 滞回特性的 Bouc - Wen 参数化模型为研究对象。

② 设计并开展了 MRD 非线性动力学特性试验，分析了阻尼力与控制电流、MRD 活塞杆运动位移和速度间的非线性关系。阻尼力随着电流的增加而增大，阻尼力与速度表现出较强的非线性滞回特性，示功特性展现了 MRD 显著的耗散能力。

③ 提出了基于灵敏度分析和烟花算法的参数辨识方法，建立了 I - Bouc - Wen 模型，使得待辨识参数减少了 50%，降低了辨识难度，提高了 I - Bouc - Wen 模型精度，为研究 MRD 在拖拉机座椅半主动悬架振动控制领域的应用奠定了理论基础。

第4章 拖拉机座椅半主动悬架模糊控制效果分析

集成座椅半主动悬架系统的拖拉机受到路面扰动、车速变化以及系统模型不确定性因素影响，这些不确定性通常会导致控制系统产生不良行为，如失稳、极限环、分叉等，降低乘坐舒适性。本章基于系统加速度输出信号，采用模糊控制对这些非线性问题的不确定性影响因素进行分析，研究不确定性对系统振动特性和舒适性的影响规律。

4.1 模糊控制模型

对于复杂物理系统建模问题，为了便于分析计算，通常对建立的简化模型做出不同的假设条件，而任何物理模型，无论数学公式的描述如何精确，都存在本质上的不确定性。一型模糊逻辑控制（type-1 fuzzy logic control，T1FLC）方法在处理复杂非线性系统中比较常用，但T1FLC方法无法处理由自身控制规则、不同语义、各种专家评论、测量噪声和噪声数据等产生的不确定性问题，这些不确定性对系统控制性能有不利的影响。通过增加自由度，二型模糊逻辑控制（type-2 fuzzy logic control，T2FLC）较T1FLC在处理由于控制器的设计方法、建模误差和系统组件的不确定性行为导致的不确定性问题上具有显著的优越性。IT2FLC是T2FLC的一种，具有结构简单、计算成本低和实时控制的特点。本节对T1FLC模型和IT2FLC模型的建模方法进行推理比较，为拖拉机座椅半主动悬架系统的控制奠定理论基础。

4.1.1 一型模糊控制模型

T1FLC属于智能控制的一种，T1FLC的基础是模糊集理论，最初由Zadeh在1965年提出，1974年由Mamdani首次应用到控制理论中。T1FLC的结构框图如图4-1所示，主要由模糊化模块、知识库、推理机和解模糊化模块组成。模糊化模块将精确的输入变量映射为语言变量，即输入论域中的模糊集；知识库包含了具体应用领域的知识和要求的控制目标，由数据库和规则库构成，其中，数据库主要包括各语言变量的隶属度函数、尺度变换因子等，规则库由一系列逻辑推理规则组成；推理机模拟人的模糊概念推理能力，其推理过程是基于模糊逻辑中的蕴涵关系及推理规则进行的，是模糊控制器的中枢；解模糊化模块将推理机得到的模糊控制量转换为精确的输出值。

一个一型模糊集，记为 A，用隶属度 $\mu_A(x)$ 来表示，$\mu_A \in [0,\ 1]$ 称为一型隶属度（type-1 membership function，T1MF），即

$$A=\begin{cases}\int_X \dfrac{\mu_A(x)}{x}, & X\text{为连续论域}\\ \sum_{i=1}^{n}\dfrac{\mu_A(x_i)}{x_i}, & X\text{为离散论域}\end{cases} \tag{4-1}$$

式中，X 为论域，$X\rightarrow[0,\ 1]$；$x\in X$，为论域 X 上的子集。

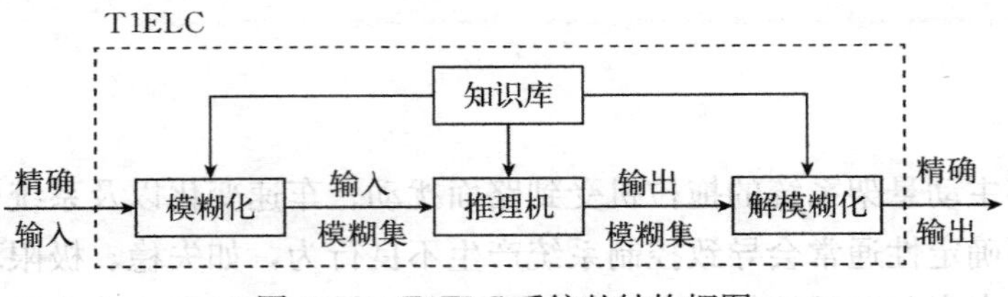

图 4-1　T1FLC 系统的结构框图

通常将 T1FLC 的输入和输出变量做归一化处理后作为其论域，将论域范围限定在[−1，1]，也可采用实际信号作为输入和输出变量的论域。对于悬架系统而言，论域范围的选择需根据被动悬架系统在路面激励下的动态特性进行选取，若指定论域范围太大就会覆盖某些数值的变化响应，若范围太小则数据溢出，系统将报错。

模糊控制模仿人的语言特性，其模糊集合用模糊语言表示。Zadeh 将语言变量用五元体 $[x,\ T(x),\ U,\ G,\ M]$ 进行表示，其中，x 为变量名称；$T(x)$ 为语言集，即语言 x 取值名称的集合，且每个语言取值对应一个在 U 上的模糊集；U 是论域；G 为语言取值的语法规则；M 为解释每种语言 x 取值的语义规则。如果将输入和输出模糊变量划分为七个等级，则常用的模糊语言有负大（negative big，NB）、负中（negative middle，NM）、负小（negative small，NS）、零（zero，ZE）、正小（positive small，PS）、正中（positive middle，PM）和正大（positive big，PB）。

隶属度函数是模糊集合的重要组成部分，用于描述论域内所有元素属于模糊集合的强度。隶属度函数的形状对控制器的性能有着一定程度的影响，所以在设计控制器时选取合适的隶属度函数进行模糊化是十分必要的。常用有限的数值对一个模糊集进行定义，采用内插值的方法对中间值进行计算。一般来说，如果控制系统所要求的输入和输出变量的精度较高，则应该选择形状为窄瘦型的隶属度函数；如果控制系统所要求的输入和输出变量的精度没有明确规定，则应该选择形状为矮胖型的隶属度函数。现有的隶属度函数较多，有三角形函数、高斯函数、S 形函数和梯形函数等，在实际应用中，隶属度函数的选择对计算误差和速度影响较大。

模糊规则由“IF…THEN…”语句构成，是基于专家知识或操作人员长期积累的经验，按人的直觉推理的一种语言表示形式。常将 IF 部分称为前件，THEN 部分称为后件，其基本结构可归纳为 IF A and B THEN C，其中，A 为论域 U 上的一个模糊子集，B 为论域 V 上的一个模糊子集。则某一时刻的控制量可由下式给出：

$$C=(A\times B)\circ R \tag{4-2}$$

式中，×为模糊直积运算，。为模糊合成运算。

模糊规则数量与模糊变量的模糊子集划分有关，划分越细，规则数量越多。但不代表规则库的准确度越高，规则库的准确性还与专家知识的准确度有关。

推理机也称模糊推理，是模糊控制器设计的核心内容，它采用一种模拟人类的推理模式，依据模糊控制器的输入变量与相对应的模糊控制规则，推导出模糊控制器的输出控制量。因此模糊控制规则和模糊推理两者相辅相成，而且模糊推理完全依赖于模糊控制规则。目前采用较广泛的推理方法是 Mamdani 查表法，该推理方法首先在推理之前选取各个条件中隶属度最小的值作为这条规则的适配程度，然后对各个规则的结论综合选取最大的适配部分，最后结合前两部分的结论推理出总的结果。简言之，推理机是一种近似推理，通过将不精确、模糊信息作假言推理进行判断和决策，最终获得结论的推理过程。这里采用 Mamdani 模糊推理算法。

模糊推理结果为输出论域上的一个模糊集，解模糊化后可获得论域上的精确值，常用的解模糊化方法有中位数法、面积重心法和最大隶属度法。

假设模糊推理规则 R^l 为

$$R^l\text{：如果 } x_1 \text{ 是 } F_1^l\text{，} x_2 \text{ 是 } F_2^l\text{，}\cdots\text{，} x_n \text{ 是 } F_n^l\text{，则 } y \text{ 是 } G^l\text{，} l=1\text{，}2\text{，}\cdots\text{，}N \tag{4-3}$$

其中，$F_i^l(i=1，2，\cdots，n)$ 和 G^l 分别是模糊隶属函数 $\mu_{F_i^l}(x_i)$ 和 $\mu_{G^l}(y)$ 的模糊集合，N 是模糊规则数。

采用单点模糊化、Mamdani 模糊推理算法和面积重心解模糊化法，T1FLC 的模糊模型可表示为

$$y(x)=\frac{\sum_{l=1}^{N}\bar{y}_l\prod_{i=1}^{n}\mu_{F_i^l}(x_i)}{\sum_{l=1}^{N}\prod_{i=1}^{n}\mu_{F_i^l}(x_i)} \tag{4-4}$$

式中，$x=[x_1，x_2，\cdots，x_n]^{\mathrm{T}}$，$\bar{y}_l=\max\limits_{y\in V}\mu_{G^l}(y)$。

定义模糊基函数为

$$\varphi_l=\frac{\prod_{i=1}^{n}\mu_{F_i^l}(x_i)}{\sum_{l=1}^{N}\prod_{i=1}^{n}\mu_{F_i^l}(x_i)} \tag{4-5}$$

令 $\theta=[\bar{y}_1，\bar{y}_2，\cdots，\bar{y}_N]^{\mathrm{T}}=[\theta_1，\theta_2，\cdots，\theta_N]^{\mathrm{T}}$，$\varphi^{\mathrm{T}}=[\varphi_1(x)，\varphi_2(x)，\cdots，\varphi_N(x)]$，则 T1FLC 系统可表示为

$$y(x)=\theta^{\mathrm{T}}\varphi(x) \tag{4-6}$$

4.1.2　区间二型模糊控制模型

当一型模糊集通过将集上的点向左或向右移动而变得模糊，且不一定移动相同的量时，该二型模糊集称为广义二型模糊集。如果这个模糊过程在指定的区间内进行变动，则所形成的二型集称为区间二型模糊集。

IT2FLC 系统主要由模糊化器、规则库、推理机、降型和解模糊化器组成，如图 4-2 所示。模糊化处理器将精确的输入参数映射成二型输入模糊集。一个二型模糊集记为 A，用隶属度 $\mu_{\widetilde{A}}(x, u)$ 来表示，$\mu_{\widetilde{A}}\in[0, 1]$ 称为二型隶属度（type-2 membership function，T2MF），即

$$\begin{aligned}\widetilde{A}&=\{((x,u),\ \mu_{\widetilde{A}}(x,\ u))\mid x\in X,\ u\in U\equiv[0,\ 1]\}\\&=\int_{x\in X}\int_{u\in[0,\ 1]}\mu_{\widetilde{A}}(x,\ u)/(x,\ u)\end{aligned}\tag{4-7}$$

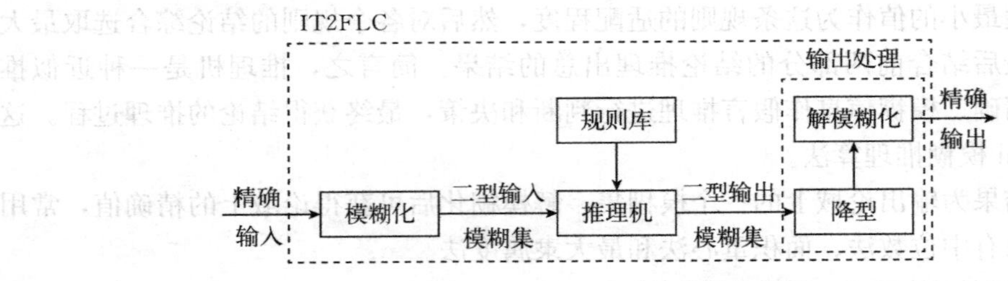

图 4-2 IT2FLC 系统的结构框图

区间二型隶属度函数可以采用三角形函数、高斯函数、梯形函数或 S 形（sigmoidal）函数等经典形状表达。可以定义任意二型模糊集中的不确定性轨迹（footprint of uncertainty，FoU）为分段函数，为了简化训练过程中模型调整，常采用参考的经典形状。本书采用高斯隶属度函数，其 FoU 通过均值和方差进行建模，表达式为

$$\mu_A(x)=\exp\left[-\frac{1}{2}((x-m)/\sigma)^2\right]\tag{4-8}$$

式中，m 为均值，为某一定值；σ 为方差，$\sigma\in[\sigma_1,\ \sigma_2]$。

上隶属函数（upper membership function，UMF）$\bar{\mu}_{\widetilde{A}}(x)$ 和下隶属函数（lower membership function，LMF）$\underline{\mu}_{\widetilde{A}}(x)$ 可表示为

$$\begin{cases}\bar{\mu}_{\widetilde{A}}(x)=G(x;\ m,\ \sigma_2)\equiv\exp\left[-\frac{1}{2}((x-m)/\sigma_2)^2\right]\\\underline{\mu}_{\widetilde{A}}(x)=G(x;\ m,\ \sigma_1)\equiv\exp\left[-\frac{1}{2}((x-m)/\sigma_1)^2\right]\end{cases}\tag{4-9}$$

常用的模糊规则有三种结构：Zadeh 规则结构、TSK 规则结构和模糊双曲正切结构，这里采用 Zadeh 规则结构，第 l 条模糊规则 $\widetilde{R}_p^l$ 可以表示为

$$\widetilde{R}_p^l\text{：IF } x_1(t) \text{ is } \widetilde{F}_1^l,\ x_2(t) \text{ is } \widetilde{F}_2^l \text{ and} \cdots \text{and } x_p(t) \text{ is } \widetilde{F}_p^l\text{；THEN } y \text{ is } \widetilde{G}^l\tag{4-10}$$

式中，输入变量 $x_1(t)$，$x_2(t)$，…，$x_p(t)$ 为前件变量；输出语言变量 y 为后件变量；$\widetilde{F}_p^l$ 和 $\widetilde{G}^l$ 为区间二型模糊集，p 为前件总数，l 为模糊规则的数量。

当采用区间二型 Zadeh 模糊规则和模糊蕴涵最小运算（mamdani implication operator，MIO）时，区间二型模糊系统被称为区间二型 Mamdani 模糊系统。这里采用区间二型 Mamdani 模糊系统。

以两个前件一个后件规则、单独模糊化以及最小 t-泛函对二型模糊推理过程进行描述，如图 4-3 所示。第 l 个规则的触发强度集为一个区间，表达式为

$$F^l(x)=[\underline{f}^l(x), \overline{f}^l(x)]=[\underline{f}^l, \overline{f}^l] \tag{4-11}$$

式中，前件 FoU 的上隶属函数和下隶属函数，表达式分别为

$$\begin{cases}\underline{f}^l(x')=\underline{\mu}_{\tilde{F}_1^l}(x_1')\otimes\underline{\mu}_{\tilde{F}_2^l}(x_2')\\ \overline{f}^l(x')=\overline{\mu}_{\tilde{F}_1^l}(x_1')\otimes\overline{\mu}_{\tilde{F}_2^l}(x_2')\end{cases} \tag{4-12}$$

式中，$\otimes$表示最小 t-范数。在区间二型 Mamdani 模糊中有两个前件，用于单独模糊化和最小 t 范数。

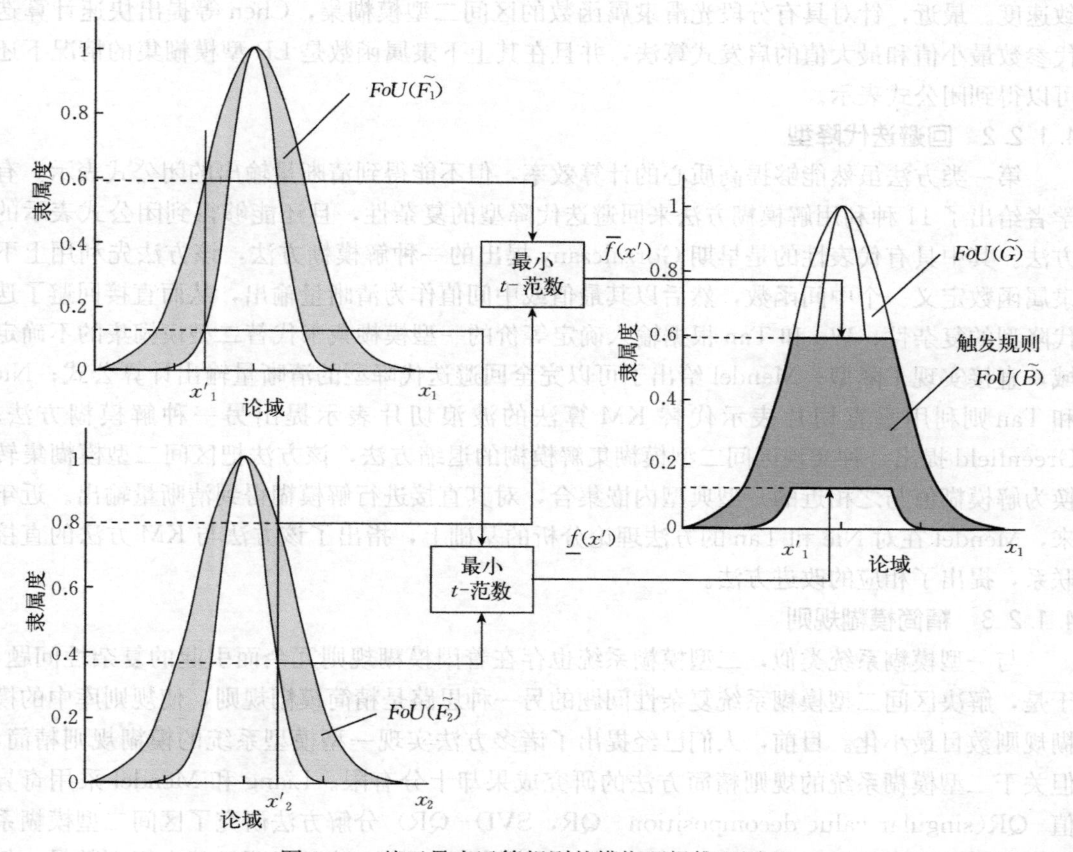

图 4-3　基于最小运算规则的模糊逻辑推理原理

降型将二型模糊集映射为一型模糊集。降型的关键在于找到切换点 $[L, R]$，分别对应于两个端点 $[y_l, y_r]$。现有文献中应用最多的为 Karnik-Mandel(KM) 方法。虽然使用 KM 算法可以极大地提高区间二型模糊系统的计算效率，但 KM 算法在求解区间二型模糊集质心时需要多次迭代，且不能得到闭公式表示，必然会增加整个计算过程的复杂性。现有的解决区间二型模糊系统复杂性问题主要有以下 3 类方法。

4.1.2.1　减少降型迭代次数

2007 年，Wu 和 Mende 在 KM 算法的基础上，通过选择更好的初始化、迭代终止条件和巧妙地改进计算方法，提出了迭代次数有所减少的加强型 KM 算法。之后，Melgarejo

重新定义广义质心上界和下界的表示公式，采用穷举和递归混合算法进行求解来提高计算效率。在此基础上，Duran 等根据广义质心上界和下界的单调性变化规律，在使用停止条件的情况下获得了更快的求解速度。2010 年，Hu 分析上下隶属函数转换点与质心区间的关系，推导出计算转换点的闭公式，结合反向搜索提出一种快速算法。2011 年，Liu 等揭示了使用连续 KM 算法求解区间二型模糊集质心与采用牛顿迭代法求根的原理相同，并指出与离散 KM 算法相比较，基于求根公式的质心求解方法可以获得更精确的计算结果。随后，Liu 在分析 KM 算法特性的基础上，通过提出新的迭代表达式来加快 KM 算法的收敛速度。最近，针对具有分段光滑隶属函数的区间二型模糊集，Chen 等提出快速计算迭代参数最小值和最大值的启发式算法，并且在其上下隶属函数是 LR 型模糊集的情况下还可以得到闭公式表示。

4.1.2.2 回避迭代降型

第一类方法虽然能够提高质心的计算效率，但不能得到清晰量输出的闭公式表示。有学者给出了 11 种利用解模糊方法来回避迭代降型的复杂性，且还能够得到闭公式表示的方法。其中具有代表性的是早期 Gorzalczany 提出的一种解模糊方法，该方法先利用上下隶属函数定义一个中间函数，然后以其最值或中间值作为清晰量输出，从而直接回避了迭代降型的复杂性；Wu 和 Tan 根据输入确定等价的一型模糊集来代替二型模糊集的不确定域，直接实现了降型；Mendel 给出了可以完全回避迭代降型的清晰量输出计算公式；Nie 和 Tan 则利用垂直切片表示代替 KM 算法的波浪切片表示提出另一种解模糊方法；Greenfield 提出一种实现区间二型模糊集解模糊的退缩方法，该方法把区间二型模糊集转换为解模糊值与之相近的一型典型内嵌集合，对其直接进行解模糊得到清晰量输出。近年来，Mendel 在对 Nie 和 Tan 的方法理论分析的基础上，指出了该方法与 KM 方法的直接联系，提出了相应的改进方法。

4.1.2.3 精简模糊规则

与一型模糊系统类似，二型模糊系统也存在着因模糊规则冗余而引起的复杂性问题，于是，解决区间二型模糊系统复杂性问题的另一种思路是精简模糊规则，使规则库中的模糊规则数目最小化。目前，人们已经提出了诸多方法实现一型模型系统的模糊规则精简，但关于二型模糊系统的规则精简方法的研究成果却十分有限。Liang 和 Mendel 采用奇异值- QR（singular value decomposition - QR，SVD - QR）分解方法研究了区间二型模糊系统的设计问题，结果表明在有效秩选取恰当的前提下，该方法可以明显减少规则数量。但是，有效秩的确定更多是依赖经验进行选取，目前还没有成熟的选择方法。Zhou 等采用列主元 QR 分解算法，给出四种新的模糊规则重要性排序指标，并介绍了如何利用这些指标进行后件和前件选择。该方法在保证逼近精度情况下能够有效地精简规则，但如何针对具体问题从四种排序指标中选出最有效的指标是个棘手的问题。

上述介绍的三类方法中，人们对前两类方法的原理和性能等方面已经做了很多研究工作，第一类方法中计算效率最快的是 Hu 等提出的方法，第二类中的大部分方法计算效率都要优于 Hu 的方法，其中计算效率最高的是 Wu 和 Tan 的方法以及 Nie 和 Tan 的方法；对于第三类方法，目前这方面的相关研究还很薄弱。鉴于一型模糊系统规则精简的方法得到了很好的效果，且 KM 方法在开始和结束优化时存在不足，从而提出了改进 KM 方法

(enhanced KM，EKM)。EKM算法的平均迭代次数比原KM算法要少，从而减少了优化计算时间。为了简化KM和EKM方法的计算，改进了迭代算法停止条件。在大多数降型计算中，单元数 N 小于100，具有停止条件的增强迭代算法（enhanced iterative algorithm with stop condition，EIASC）在计算成本方面较KM和EKM方法降低了约50%。这里采用EIASC方法对集成座椅半主动悬架系统的拖拉机半车模型的乘坐舒适性进行控制。采用上述的降型方法和隶属度函数，对切换点对应的终点 y_l 和 y_r 进行降型计算，其数学表达式为

$$\begin{cases} y_l = y_l(L) = \dfrac{\sum\limits_{i=1}^{L} \overline{f}^i y_l^i + \sum\limits_{i=L+1}^{M} \underline{f}^i y_l^i}{\sum\limits_{i=1}^{L} \overline{f}^i + \sum\limits_{i=L+1}^{M} \underline{f}^i} \\ y_r = y_r(R) = \dfrac{\sum\limits_{i=1}^{R} \underline{f}^i y_r^i + \sum\limits_{i=R+1}^{M} \overline{f}^i y_r^i}{\sum\limits_{i=1}^{R} \underline{f}^i + \sum\limits_{i=R+1}^{M} \overline{f}^i} \end{cases} \tag{4-13}$$

最后进行解模糊化处理，从而将一型模糊集映射为具体值。对 y_l 和 y_r 取均值即可实现解模糊化，即

$$y = \frac{y_l + y_r}{2} \tag{4-14}$$

4.2　基于ADDC的模糊控制器设计

依据模糊控制器的输入与输出变量的个数不同，可将其分为三类：一维模糊控制器、二维模糊控制器和三维模糊控制器。其中，一维模糊控制器仅有一个输入变量和一个输出变量，对于复杂的动态控制性能不太理想，故常应用于简单的一阶被控对象；二维模糊控制器包含两个输入变量和一个输出变量，能够反映控制对象的误差及误差变化率，其动态控制性能及控制精度良好，同时该模糊控制器的设计过程也相对简单；三维模糊控制器包含三个输入变量和一个输出变量，属于多维模糊控制器，一般来说，模糊控制器的输入变量个数越多，其获得的输出控制量越精确，但是与其相对应的模糊控制规则实现越困难，无法实际应用。

鉴于二维模糊控制器兼顾模糊控制规则简单和控制精度较高的优势，结合集成MRD座椅悬架的拖拉机半车模型系统自身的控制特性，设计了一个两输入单输出结构的二维模糊控制器。针对模糊控制器输入变量和输出变量的选取，由于本章主要的工作重点在于研究车辆座椅悬架系统的舒适性及安全性方面，而座椅的垂向速度与垂向加速度是评价车辆座椅悬架系统振动性能是否良好的重要指标，同时这两者也可以很好地反映座椅悬架的平顺性。因此，选取座椅垂向速度与其期望参考值（设为0）两者之间的误差和误差变化率作为模糊控制器的两个输入变量，输出变量选取用来施加给磁流变阻尼器的控制电流 I。控制器通过实时调节控制电流来输出大小合适的磁流变阻尼器输出阻尼力，从而使得车辆

座椅悬架系统的隔振效果逐渐趋近良好。集成 MRD 座椅悬架的拖拉机半车模型系统的控制原理如图 4-4 所示，整个半主动悬架系统分为线性系统和 MRD 两部分，需设计两个控制器，即系统控制器和 MRD 控制器。系统控制器根据拖拉机半车悬架系统的加速度输出信号计算 MRD 控制器需求阻尼力 F_c；MRD 控制器输出控制电流 I，使得 MRD 能够跟踪需求阻尼力 F_c；MRD 动力学模型根据输入的电流信号和 MRD 活塞运动速度计算出实际阻尼力 F_d，对拖拉机半车悬架系统进行减振控制。因此，半主动控制器的设计就是围绕系统控制器（本节为模糊控制器）和 MRD 控制器两部分展开的。

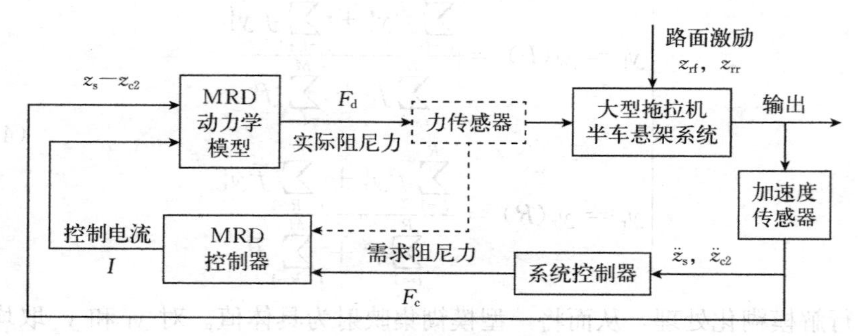

图 4-4 半主动控制系统原理

MRD 控制器采用响应快、控制方法简单的 Heaviside 阶跃函数对需求阻尼力 F_c 进行实时跟踪。Dyke 等首次将 Heaviside 函数用于 MRD 控制算法，用来解决 MRD 的限幅最优（clipped-optimal）控制算法进行半主动控制。采用 Heaviside 阶跃函数对 MR 阻尼器电流 I 进行控制的数学表达式为

$$I=I_{max}H((F_c-F_d)F_d) \tag{4-15}$$

式中，I_{max} 为 MRD 最大控制电流值；$H(\ )$ 为 Heaviside 阶跃函数；F_c 为由系统控制器估算出的需求阻尼力；F_d 为 MRD 提供的实际阻尼力。

MRD 控制器工作原理：①当 $F_c=F_d$ 时，即需求阻尼力与 MRD 实际阻尼力相等，则施加在 MRD 上的电流保持原有水平不变；②当 $F_c>F_d$ 时，即需求阻尼力大于 MRD 实际阻尼力，则施加最大电流以逼近需求值；③在其他情况下，MRD 控制器的电流值为零，即 MRD 无场作用存在。

对集成座椅半主动悬架系统的拖拉机半车模型进行控制的系统控制器是本书研究的重点，接下来对模糊控制器进行设计，即基于加速度信号的一型模糊控制器和区间二型模糊控制器。

4.2.1 一型模糊控制器设计

采用二维模糊控制器，T1FLC 系统的输入变量为人体-座椅质量的加速度 $\ddot{z}_s$ 和座椅悬架系统的相对速度 $v_{rel}=\dot{z}_s-\dot{z}_{c2}$，输出变量为 MRD 控制器的需求阻尼力 F_c。为了将论域区间限定在 [-1, 1] 之间，对加速度 $\ddot{z}_s$ 和相对速度 v_{rel} 及输出量 F_c 进行归一化处理：

$$ec=\begin{cases}1, & 1<\ddot{z}_s/\ddot{z}_{s,\max}\\ \dfrac{\ddot{z}_s}{\ddot{z}_{s,\max}}, & -1\leqslant\ddot{z}_s/\ddot{z}_{s,\max}\leqslant 1\\ -1, & \ddot{z}_s/\ddot{z}_{s,\max}<-1\end{cases},\quad e=\begin{cases}1, & 1<v_{rel}/v_{rel,\max}\\ \dfrac{v_{rel}}{v_{rel,\max}}, & -1\leqslant v_{rel}/v_{rel,\max}\leqslant 1\\ -1, & v_{rel}/v_{rel,\max}<-1\end{cases},$$

$$u=\begin{cases}1, & 1<F_c/F_{c,\max}\\ \dfrac{F_c}{F_{c,\max}}, & -1\leqslant F_c/F_{c,\max}\leqslant 1\\ -1, & F_c/F_{c,\max}<-1\end{cases}。$$

其中，$\ddot{z}_{s,\max}$、$v_{rel,\max}$和$F_{c,\max}$为归一化因子。

对归一化处理后的e、ec和u分别在论域上定义七个模糊子集，即｛NB，NM，NS，ZE，PS，PM，PB｝来表示输入和输出的模糊化状态。输入和输出变量的隶属度函数均采用高斯函数。

在基于车辆状态判定的控制算法中，还有一种以降低车体垂直振动加速度为目的的控制算法——加速度驱动阻尼控制（ADDC）。加速度驱动阻尼控制是在车体和理想天棚之间安装一个“理想惯容器”，天棚保持绝对静止，通过这个理想惯容器来降低车体的垂直振动加速度，使车体的运动更加稳定，提高车辆的乘坐舒适性和行驶平顺性。按照加速度驱动阻尼控制确定T1FLC的模糊规则。加速度驱动阻尼控制的逻辑关系表达式为

$$F_c=\begin{cases}c_{\max}v_{rel}, & \ddot{z}_s v_{rel}\geqslant 0\\ c_{\min}v_{rel}, & \ddot{z}_s v_{rel}<0\end{cases}\tag{4-16}$$

式中，$c_{\max}$和$c_{\min}$分别为MRD阻尼系数的最大值和最小值。

T1FLC的模糊规则的设计思想为：当人体-座椅质量的加速度与座椅悬架系统的相对速度运动方向相同时，MRD的阻尼系数最大，需求阻尼力以最大值对悬架系统进行能量耗散；当人体-座椅质量的加速度与座椅悬架系统的相对速度运动方向相反时，MRD的阻尼系数最小，输入电流为零，此时悬架系统等效于被动悬架系统。T1FLC规则见表4-1。

表4-1　T1FLC规则

u		ec						
		NB	NM	NS	ZE	PS	PM	PB
e	NB	PB	PB	PM	PM	ZE	ZE	ZE
	NM	PB	PB	PM	PS	ZE	ZE	ZE
	NS	PM	PM	PS	PS	ZE	ZE	ZE
	ZE	PM	PM	PS	ZE	NS	NS	NM
	PS	ZE	ZE	ZE	NS	NS	NS	NM
	PM	ZE	ZE	ZE	NS	NM	NM	NB
	PB	ZE	ZE	ZE	NM	NM	NB	NB

采用Mamdani模糊推理算法对建立的模糊控制规则进行逻辑推理和决策，控制规则曲面如图4-5所示，从图中可以看出，T1FLC的控制规则呈梯度分布，说明所设计的二维模糊系统的输入和输出量的模糊映射与ADDC理论设计匹配良好。选用面积重心法对模糊输出集进行转化，从而得到精确的需求阻尼力值。

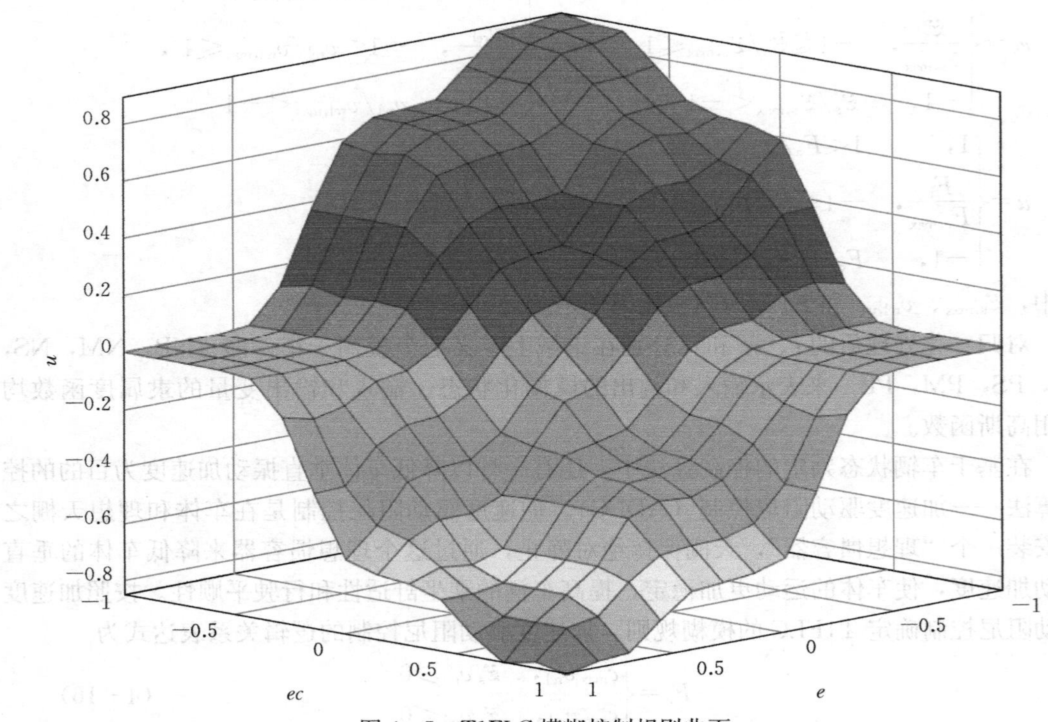

图 4-5　T1FLC 模糊控制规则曲面

4.2.2　区间二型模糊控制器设计

IT2FLC 较 T1FLC 在处理动态过程方面拥有更强的能力，具有优越的控制性能。IT2FLC 系统的输入和输出变量同 T1FLC 系统一样，并对输入和输出参数进行归一化处理，使其论域在［−1，1］内变化。输入模糊集和输出模糊集由七个高斯隶属度函数控制，其语言变量为｛NB，NM，NS，ZE，PS，PM，PB｝，IT2FLC 系统的输入 e 和 ec 的隶属度函数分别如图 4-6 和图 4-7 所示，输出 u 的隶属度函数如图 4-8 所示。控制规

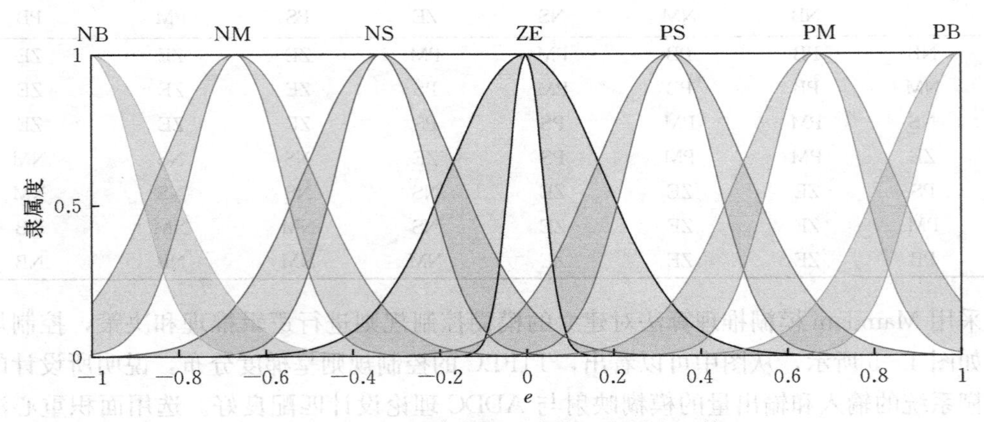

图 4-6　IT2FLC 相对速度输入隶属度函数

则与 T1FLC 相同，即采用 ADDC 对 IT2FLC 的模糊规则进行设计。采用 EIASC 方法进行降型处理。

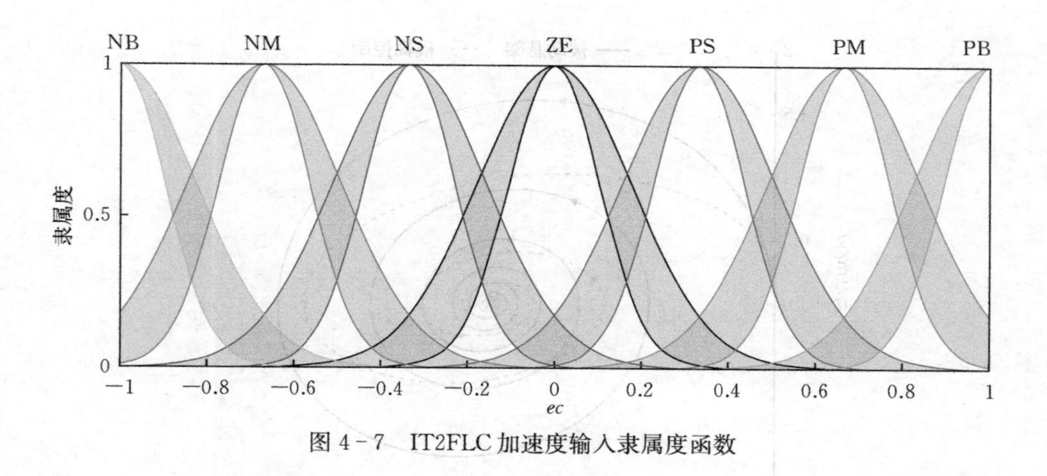

图 4-7　IT2FLC 加速度输入隶属度函数

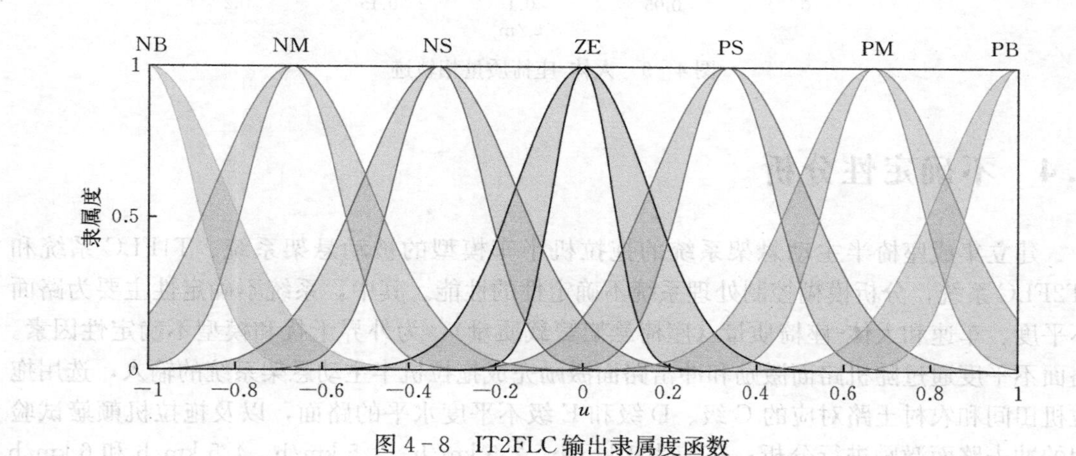

图 4-8　IT2FLC 输出隶属度函数

4.3　模糊控制稳定性分析

集成座椅半主动悬架系统的拖拉机半车模型为二阶非线性系统，采用相平面法来判断模糊控制系统的稳定性，直接利用作图法进行判断，避免了构建李雅普诺夫函数对控制系统平衡点的稳定性进行推导判断的过程。图 4-9 为采用基于 ADDC 的 T1FLC 和 IT2FLC 的模糊控制方法与被动悬架系统的人体-座椅质量相轨迹，对集成座椅半主动悬架系统的拖拉机半车模型进行单位阶跃激励，以人体-座椅质量单元的位移和速度为响应目标展示在相平面中。从图中可以看出，模糊控制和被动悬架受到阶跃响应后其相轨迹振荡收敛于一个稳定的焦点，即图中的（0.1，0）点。因此，所建立的集成座椅半主动悬架的拖拉机半车模型系统是渐进稳定的。另外，从图中的模糊控制和被动悬架的人体-座椅质量的根轨迹能够发现，采用模糊控制的MRD座椅半主动悬架系统的能量耗散能力强于配置普通阻尼器的被动悬架系统。

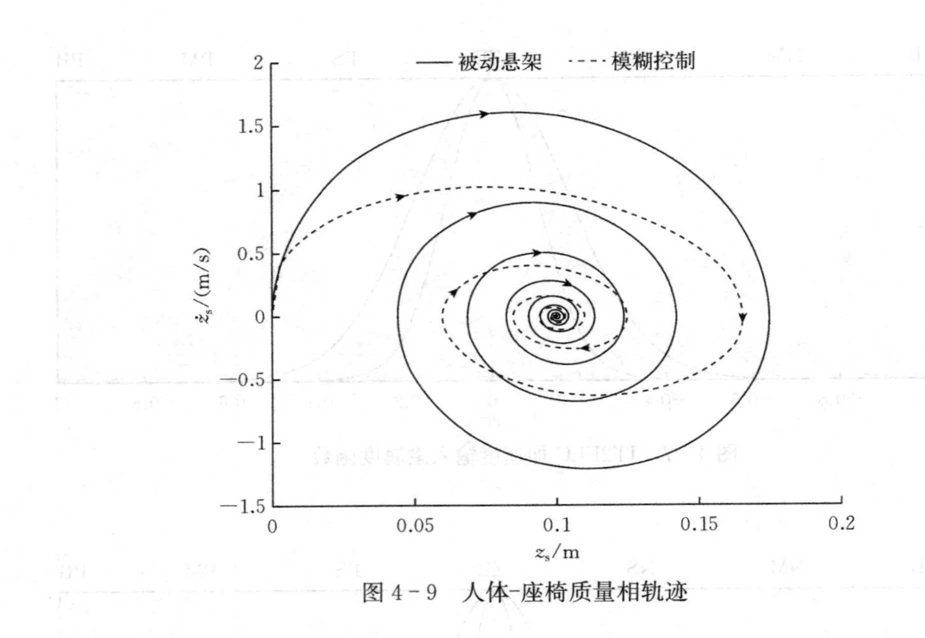

图 4-9　人体-座椅质量相轨迹

4.4　不确定性分析

建立集成座椅半主动悬架系统的拖拉机半车模型的被动悬架系统、T1FLC系统和IT2FLC系统，分析模糊控制处理系统不确定性的性能。其中，系统不确定性主要为路面不平度、车速和人体-座椅质量（座椅悬架簧载质量），为外界干扰和模型不确定性因素。路面不平度通过随机路面激励和冲击路面激励完成拖拉机半主动悬架系统的输入，选用拖拉机田间和农村土路对应的C级、D级和E级不平度水平的路面，以及拖拉机颠簸试验用的冲击路面激励进行分析；车速为1 km/h、2.5 km/h、3.5 km/h、4.5 km/h和6 km/h五种车速进行仿真分析；人体-座椅质量分别采用50 kg、100 kg和150 kg对半主动悬架系统振动特性进行分析。在路面不确定、车速和人体-座椅质量的不确定影响因素下，分析T1FLC和IT2FLC对乘坐舒适性的振动响应特性。

4.4.1　路面不确定性分析

拖拉机以28 km/h的速度匀速行驶在田间或乡间土路上，分别选取C级、D级和E级的路面不平度水平作为集成座椅半主动悬架系统的拖拉机半车模型的输入。为了仿真拖拉机在异常颠簸的路面行驶时座椅半主动悬架系统的振动特性，增加F级路面进行对比研究。在不同的模糊控制作用下，座椅半主动悬架系统的振动响应如图4-10至图4-13所示，4种随机路面激励下模糊控制的响应指标见表4-2，表中两种模糊控制方法T1FLC和IT2FLC括号中内容为分别与被动悬架系统对比变化的百分比，向上的箭头表示较被动悬架系统性能改善情况。图 4 - 14 表示不同随机路面等级下 IT2FLC 较 T1FLC 对比曲线。

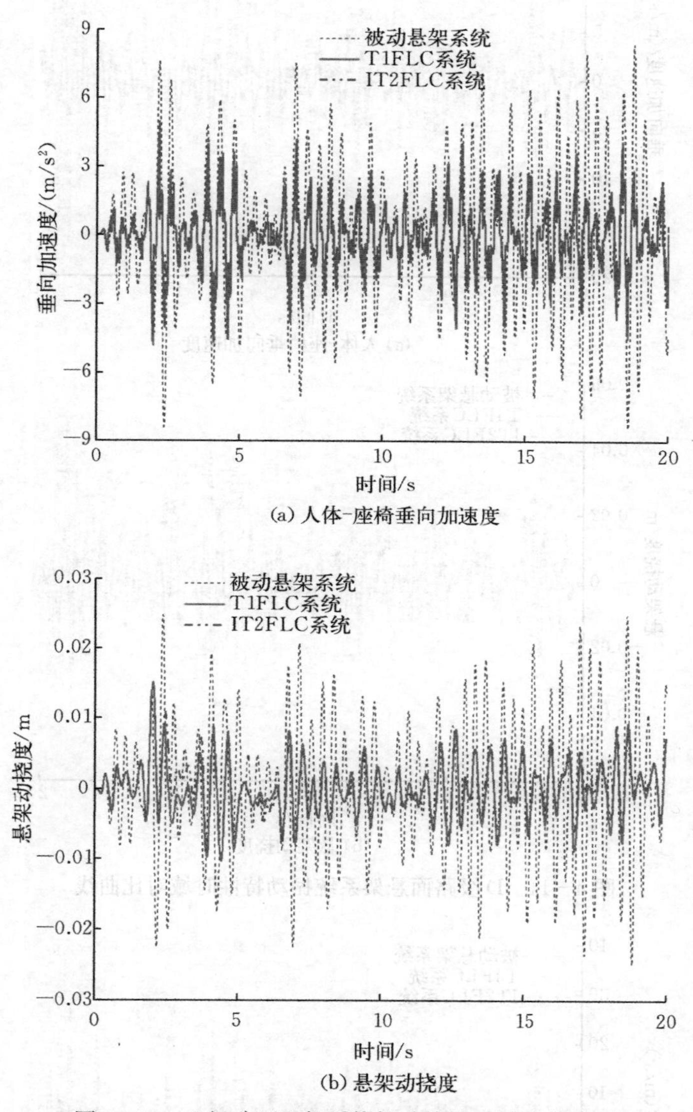

图 4 - 10　C 级路面悬架系统振动特性时域对比曲线

图 4 - 10 至图 4 - 13 中，细短划线表示被动悬架系统的振动特性，粗实线表示 T1FLC 系统的振动特性，粗双点画线表示 IT2FLC 系统的振动特性，图 (a) 中纵坐标表示人体-座椅质量的垂向加速度，图 (b) 中纵坐标表示座椅悬架系统的动挠度。从图中可以看出，不同等级的随机路面激励下模糊控制对座椅悬架系统的振动特性均有较显著的改善，不仅显著降低了人体-座椅质量的垂向加速度，而且对座椅悬架的动挠度也有明显的减少。IT2FLC 较 T1FLC 对半主动座椅悬架系统的控制效果略有提高。

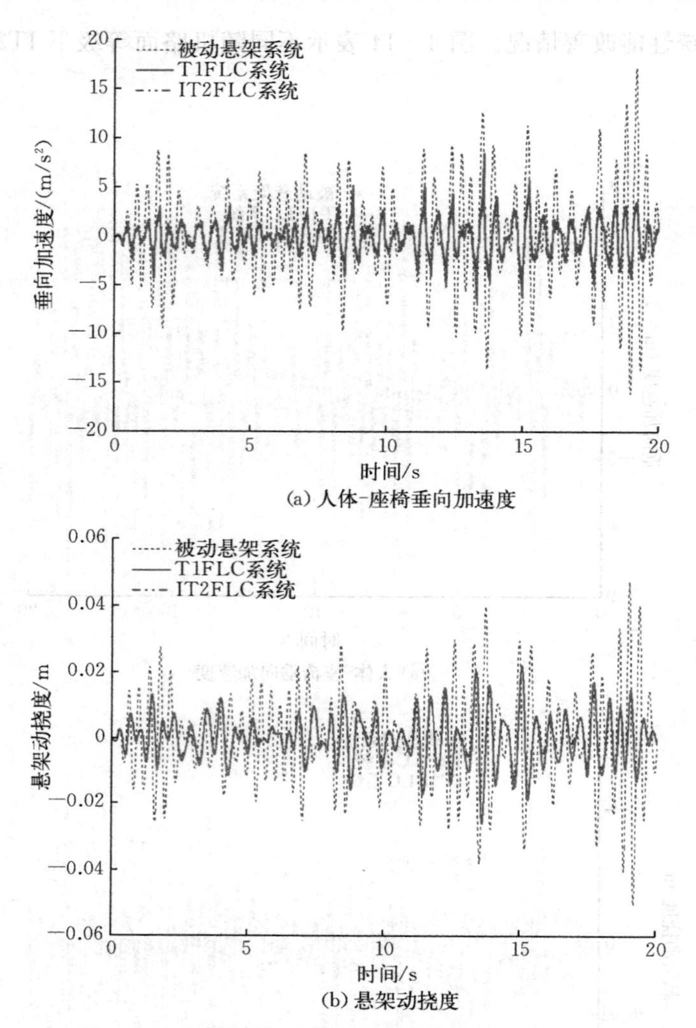

(a) 人体-座椅垂向加速度

(b) 悬架动挠度

图 4-11　D级路面悬架系统振动特性时域对比曲线

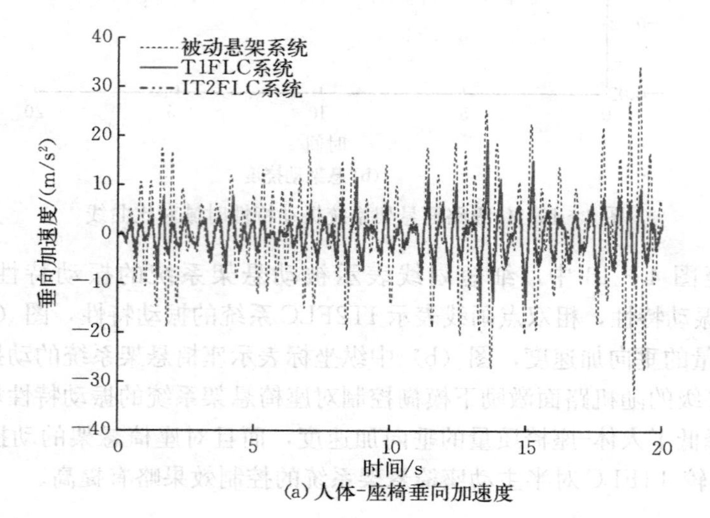

(a) 人体-座椅垂向加速度

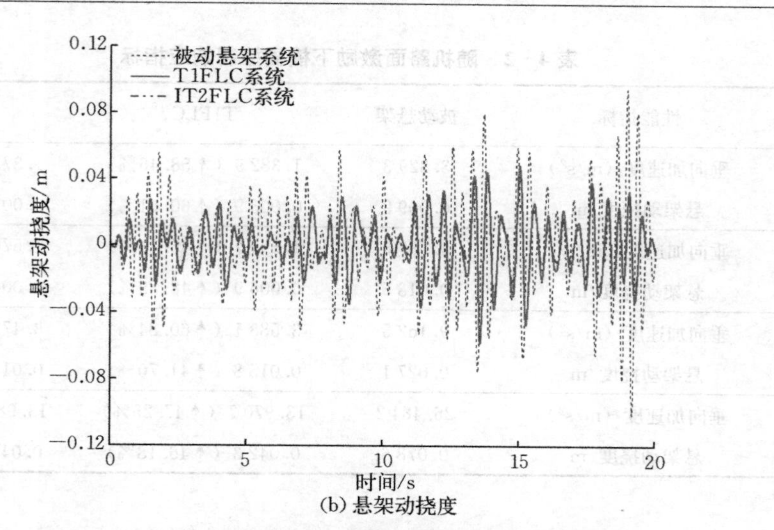

(b) 悬架动挠度

图 4-12　E 级路面悬架系统振动特性时域对比曲线

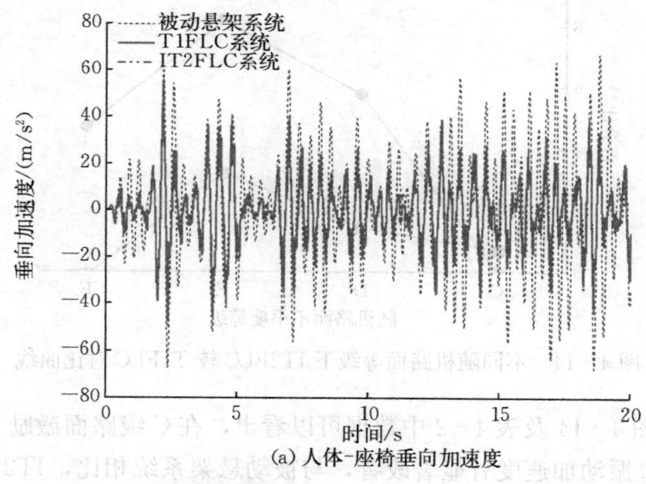

(a) 人体-座椅垂向加速度

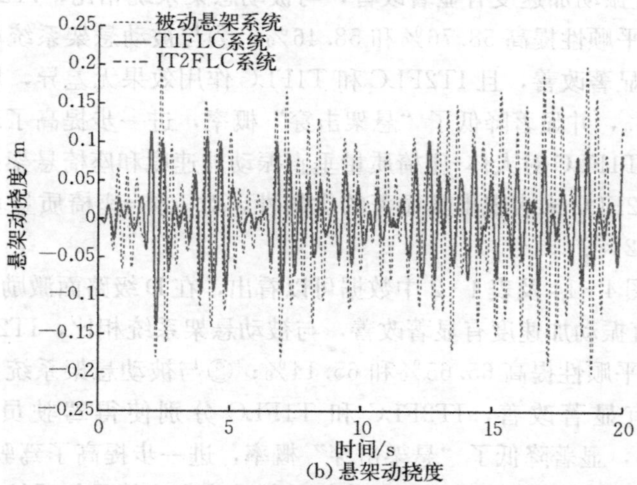

(b) 悬架动挠度

图 4-13　F 级路面悬架系统振动特性时域对比曲线

表 4-2　随机路面激励下模糊控制响应指标

路面等级	性能指标	被动悬架	T1FLC	IT2FLC
C	垂向加速度/(m/s^2)	3.329 3	1.382 9（↑58.46%）	1.373 0（↑58.76%）
	悬架动挠度/m	0.009 9	0.003 9（↑60.61%）	0.003 9（↑60.61%）
D	垂向加速度/(m/s^2)	4.587 6	1.599 2（↑65.14%）	1.576 0（↑65.65%）
	悬架动挠度/m	0.013 5	0.006 9（↑48.89%）	0.006 5（↑51.85%）
E	垂向加速度/(m/s^2)	9.162 5	3.588 1（↑60.84%）	3.472 9（↑62.10%）
	悬架动挠度/m	0.027 1	0.015 8（↑41.70%）	0.014 5（↑46.49%）
F	垂向加速度/(m/s^2)	26.484 2	13.970 7（↑47.25%）	13.986 1（↑47.19%）
	悬架动挠度/m	0.078 6	0.042 3（↑46.18%）	0.040 3（↑48.73%）

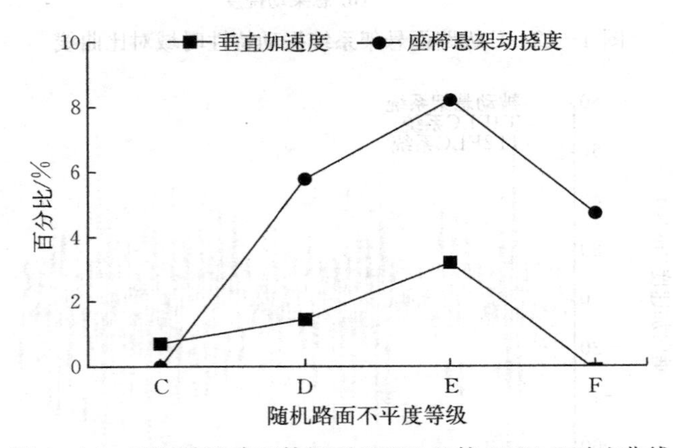

图 4-14　不同随机路面等级下 IT2FLC 较 T1FLC 对比曲线

由图 4-10、图 4-14 及表 4-2 中数据可以看出，在 C 级路面激励下：①模糊控制对人体-座椅质量垂直振动加速度有显著改善，与被动悬架系统相比，IT2FLC 和 T1FLC 分别使得拖拉机行驶平顺性提高 58.76%和 58.46%；②与被动悬架系统相比，模糊控制对座椅悬架动行程有显著改善，且 IT2FLC 和 T1FLC 作用效果无差异，均使得驾驶员操作安全性提高 60.61%，并显著降低了“悬架击穿”概率，进一步提高了驾驶员的乘坐舒适性；③IT2FLC 和 T1FLC 对人体-座椅质量垂直振动加速度和座椅悬架系统的动行程控制效果几乎一致，IT2FLC 未表现出其显著的优越性，对人体-座椅质量垂直振动加速度较 T1FLC 仅提高 0.72%。

由图 4-11、图 4-14 及表 4-2 中数据可以看出，在 D 级路面激励下：①模糊控制对人体-座椅质量垂直振动加速度有显著改善，与被动悬架系统相比，IT2FLC 和 T1FLC 分别使得拖拉机行驶平顺性提高 65.65%和 65.14%；②与被动悬架系统相比，模糊控制对座椅悬架动行程有显著改善，IT2FLC 和 T1FLC 分别使得驾驶员操作安全性提高 51.85%和 48.89%，显著降低了“悬架击穿”概率，进一步提高了驾驶员的乘坐舒适性；③IT2FLC 和 T1FLC 对人体-座椅质量垂直振动加速度和座椅悬架系统的动行程控制效果差异较C级路面显著，IT2FLC表现出了其显著的优越性，较T1FLC对人体-座椅质量垂直振动加速度和座椅悬架系统的动行程分别提高1.45%和5.8%。

由图4-12、图4-14及表4-2中数据可以看出，在E级路面激励下：①模糊控制对人体-座椅质量垂直振动加速度有显著改善，与被动悬架系统相比，IT2FLC和T1FLC分别使得拖拉机行驶平顺性提高62.10%和60.84%；②与被动悬架系统相比，模糊控制对座椅悬架动行程有显著改善，IT2FLC和T1FLC分别使得驾驶员操作安全性提高46.49%和41.70%，显著降低了“悬架击穿”概率，进一步提高了驾驶员的乘坐舒适性；③IT2FLC和T1FLC对人体-座椅质量垂直振动加速度和座椅悬架系统的动行程控制效果较C级和D级路面进一步提高，IT2FLC表现出了其显著的优越性，较T1FLC对人体-座椅质量垂直振动加速度和座椅悬架系统的动行程分别提高3.21%和8.23%。

由图4-13、图4-14及表4-2中数据可以看出，在F级路面激励下：①模糊控制对人体-座椅质量垂直振动加速度有显著改善，与被动悬架系统相比，IT2FLC和T1FLC分别使得拖拉机行驶平顺性提高47.19%和47.25%；②与被动悬架系统相比，模糊控制对座椅悬架动行程有显著改善，IT2FLC和T1FLC分别使得驾驶员操作安全性提高48.73%和46.18%；③IT2FLC和T1FLC对人体-座椅质量垂直振动加速度和座椅悬架系统的动行程控制效果差异较C级、D级和E级路面显著下降，尽管IT2FLC和T1FLC均表现出了良好的控制效果，但F级路面激励极其强烈，仅靠座椅半主动悬架系统进行减振已无法满足要求，座椅的垂向加速度和悬架动行程已严重超出舒适度要求和悬架行程限制，人体完全暴露在全身振动环境中，长时间的驾驶和工作容易产生疲劳并影响工作效率，易导致各种肌肉、神经和骨骼类疾病；④应尽量避免或减少在F级及F级以上不平度路面等级下行驶的时间，或进一步对行驶系统的悬架系统和驾驶室减振系统进行改进，并结合座椅半主动悬架系统对恶劣地面输入激励进行进一步的减振。

由图4-14可知，在随机路面激励下，随着路面不平度等级的不断提高，模糊控制对乘坐舒适性和操作安全性的控制效果不断提高，当接近F级路面时控制效果急剧下降。从图中能够明显发现，在C级、D级和E级路面激励下，IT2FLC较T1FLC表现出优越的控制效果，特别对座椅悬架动挠度的控制效果更加显著。随着路面激励扰动的不断加剧，在E级水平时IT2FLC表现出了卓越的控制性能，虽然在F级路面等级下控制效果下降，特别是对人体-座椅质量垂向加速度的控制效果急剧恶化，但对座椅悬架动挠度的控制效果依然较T1FLC显著。进一步验证了IT2FLC处理随机路面不确定性的健壮性，同时也证明了座椅半主动悬架系统的作用范围，尽量避免在F级及以上路面行驶。

图4-15为C级、D级、E级和F级路面等级下IT2FLC、T1FLC和被动悬架的垂向加速度RMS值和动挠度RMS值曲线。从图中可以看出，拖拉机座椅半主动悬架系统随着路面等级的升高，被动悬架和模糊控制的垂向加速度RMS值和动挠度RMS值呈抛物线递增趋势；被动悬架系统的垂向加速度RMS值和动挠度RMS值较大，随着路面等级的升高，振动加剧，同时悬架“击穿”概率大幅度提高，严重影响乘坐舒适性；IT2FLC和T1FLC较被动悬架的垂向加速度RMS值和动挠度RMS值显著降低，IT2FLC较T1FLC的悬架动挠度RMS值小，IT2FLC大幅度降低了悬架撞击限位块的概率，提高了乘坐舒适性。因此，路面不确定性对拖拉机座椅半主动悬架系统影响显著。

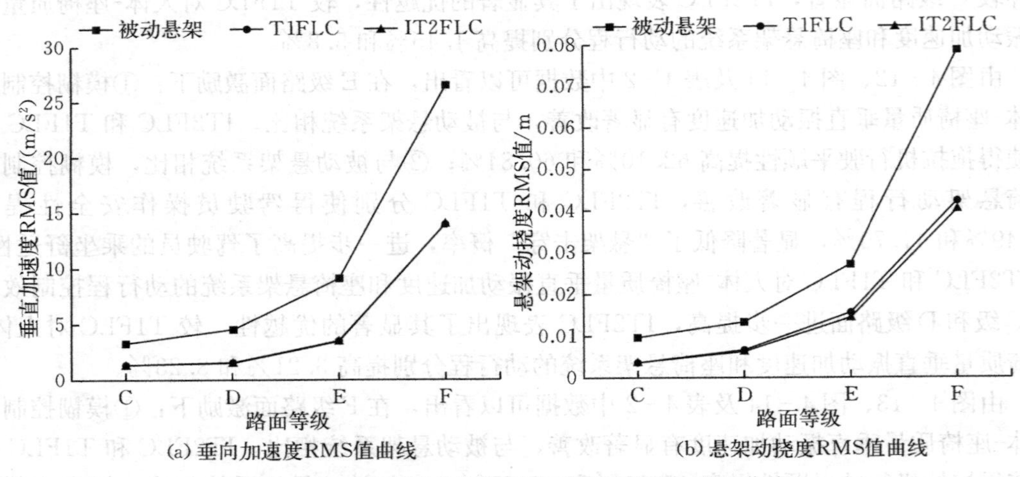

(a) 垂向加速度RMS值曲线　(b) 悬架动挠度RMS值曲线

图 4-15　路面不确定下悬架系统振动特性对比曲线

4.4.2 车速不确定性分析

拖拉机低速行驶过高 0.12 m 的三角形障碍物时，前后车轮以一定时间间隔通过，后轮通过时将导致激励信号在集成座椅半主动悬架的拖拉机悬架系统中振动的耦合叠加，使得悬架系统振动加剧，乘坐舒适性和操作稳定性恶化。拖拉机不同于乘用车，工作和行驶车速较低，不同车速对 0.12 m 高程的三角形障碍物振动影响不一致，其控制效果也不同。为详细分析车速对冲击路面的响应，选用 1 km/h、2.5 km/h、3.5 km/h、4.5 km/h 和 6 km/h 五种车速进行仿真分析，振动特性直方图及不同模糊控制方法较被动悬架系统的性能改善百分数比较曲线如图 4-16 所示。

图 4-16(a) 和 (b) 分别为拖拉机不同车速下人体-座椅质量垂向加速度均方根 (RMS) 值直方图和模糊控制方法性能改善百分数比较曲线。从图 4-16(a) 可以看出，车速对人体-座椅质量垂向加速度 RMS 值影响显著，人体-座椅质量垂向加速度 RMS 值与车速间呈凹曲线关系，随着车速的增加，人体-座椅质量垂向加速度 RMS 值先沿凹曲线趋势递减，然后沿凹曲线趋势递增。车速在 3.5 km/h 时被动悬架系统的垂向加速度 RMS 值达到最小，乘坐舒适性最佳，结合图 4-16(b) 可以发现，车速在 2.5 km/h 时模糊控制效果最优，且人体-座椅质量垂向加速度 RMS 值最小，乘坐舒适性达到最佳。车速低于 2.5 km/h 或高于 3.5 km/h 的人体-座椅质量垂向加速度 RMS 值增大，乘坐舒适性恶化。从图 4-16(b) 中能够直观看出，IT2FLC 的控制效果明显优于 T1FLC，在 2.5 km/h 时控制效果最佳。

图 4-16(c) 和 (d) 分别为拖拉机不同车速下座椅悬架动挠度均方根 (RMS) 值直方图和模糊控制方法性能改善百分数比较曲线。从图 4-16(c) 可以看出，座椅悬架动挠度 RMS 与车速间并非线性关系，车速在 3.5 km/h 时被动悬架系统的座椅悬架动挠度 RMS 达到最小，但结合图 4-16(d) 可以发现，车速在 2.5 km/h 时模糊控制效果最优，且座椅悬架动挠度 RMS 值最小。车速低于 2.5 km/h 或高于 3.5 km/h 的座椅悬架动挠度

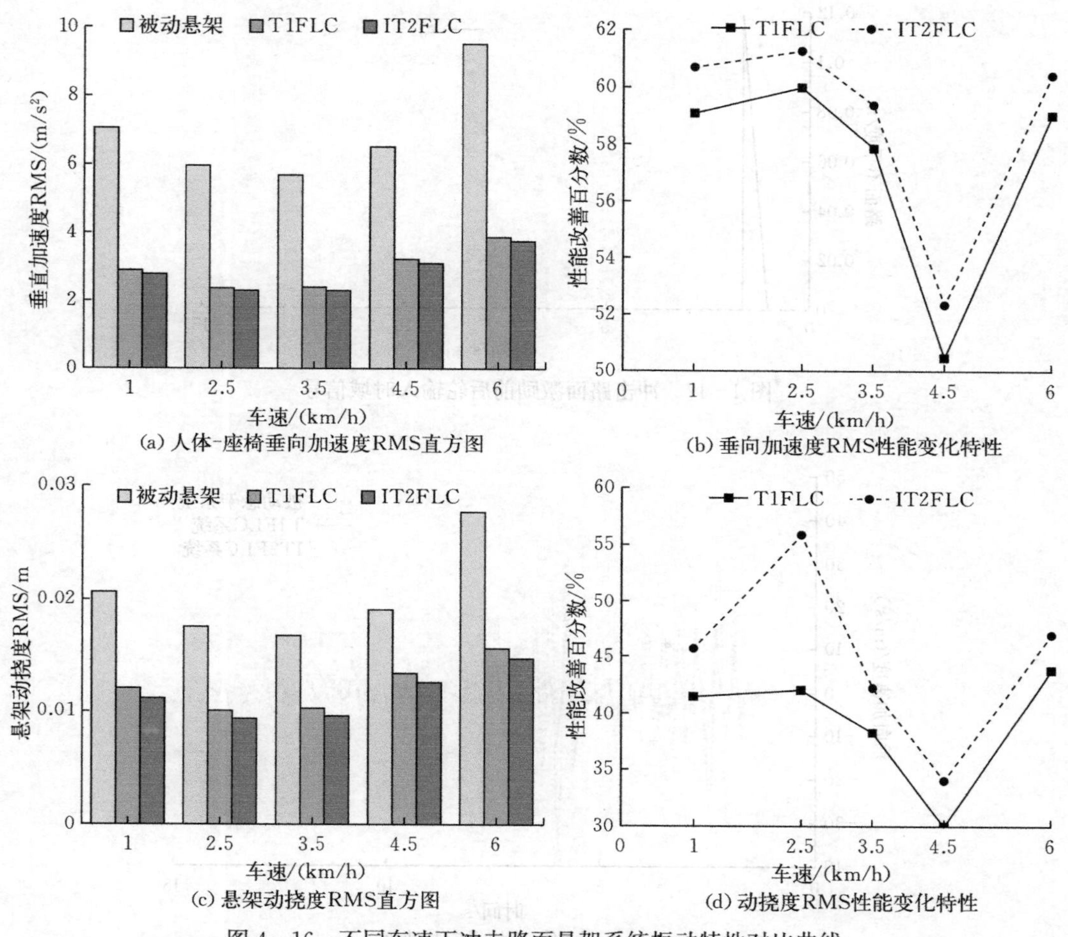

(a) 人体-座椅垂向加速度RMS直方图　(b) 垂向加速度RMS性能变化特性

(c) 悬架动挠度RMS直方图　(d) 动挠度RMS性能变化特性

图4-16　不同车速下冲击路面悬架系统振动特性对比曲线

RMS值增大，驾驶员的操纵安全性恶化。从图4-16(d) 中能够直观看出，IT2FLC的控制效果明显优于T1FLC，在2.5 km/h时控制效果最佳。

从图4-16中可以看出，当拖拉机以6 km/h的速度连续在高为0.12 m的三角形障碍物上行驶时，整车振动剧烈，车辆悬架系统及各个连接部件一直保持不断的超负荷冲击状态，此种测试状态即为拖拉机的颠簸试验，常用于测试拖拉机各个连接部件的使用寿命。

当车速为2.5 km/h时，拖拉机行驶过高为0.12 m的三角形障碍物的前后轮输入路面激励信号如图4-17所示，集成座椅半主动悬架系统的拖拉机半车模型的振动响应特性如图4-18所示。

从图4-18中可以看出，当后轮经过三角形障碍物后悬架系统的人体-座椅质量垂向加速度和悬架动挠度的输出波动加剧，使得座椅悬架系统的乘坐舒适性和驾驶员的操纵安全性降低，此种状态是1/4车辆模型难以实现的，进一步说明了拖拉机俯仰运动对座椅悬架系统存在显著影响。结合图4-16能够发现，T1FLC和IT2FLC能够显著减小座椅悬

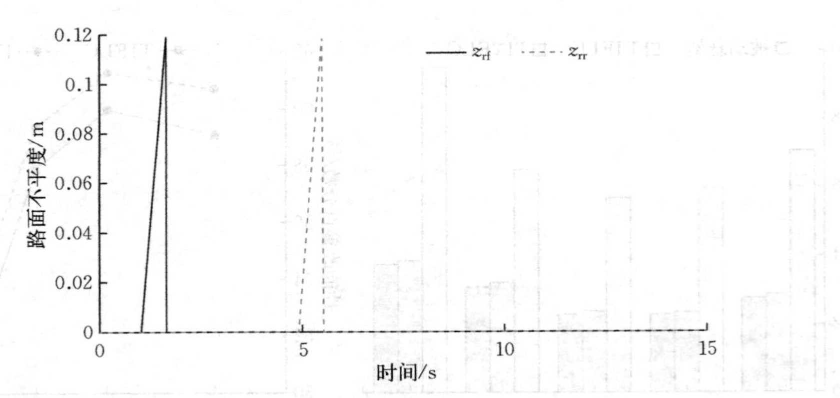

图 4-17　冲击路面激励前后轮输入时域信号

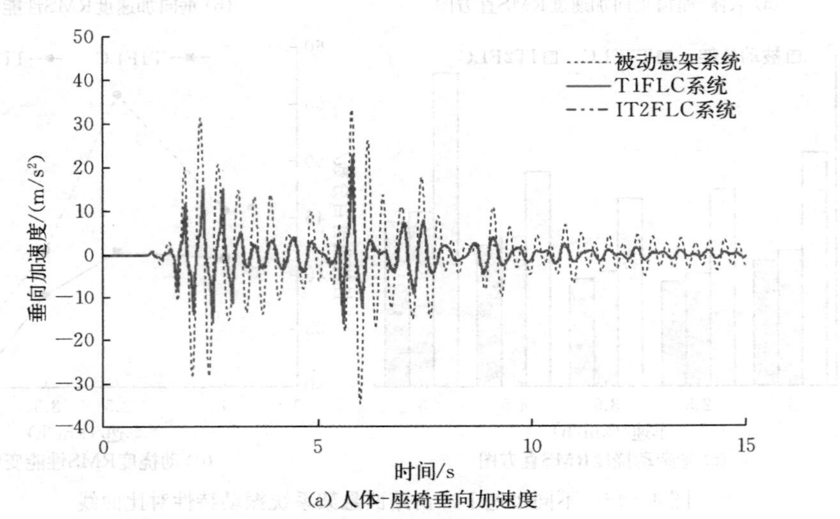

(a) 人体-座椅垂向加速度

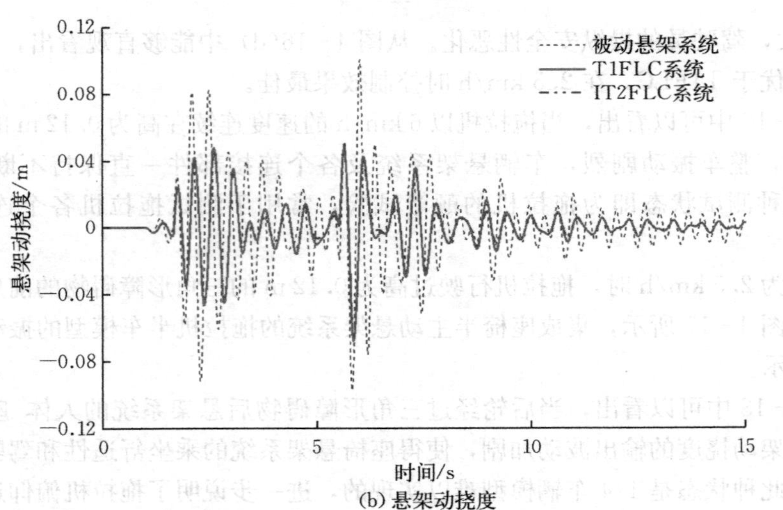

(b) 悬架动挠度

图 4-18　冲击路面悬架系统振动特性时域对比曲线

架的垂向加速度和悬架动挠度，从而改善冲击载荷作用下拖拉机的乘坐舒适性，与被动悬架系统相比，IT2FLC 系统和 T1FLC 系统能够使车辆行驶平顺性分别提高 61.27%和 60%，使得座椅悬架动行程分别减少 55.94%和 42.11%。进一步验证了 IT2FLC 和 T1FLC 的有效性，且 IT2FLC 系统优于 T1FLC 系统。

4.4.3　质量不确定性分析

为了仿真分析人体-座椅质量变化对半主动模糊控制效果的影响，选用拖拉机工作车速 7.8 km/h，路面激励模型选用 D 级路面，人体-座椅质量在 50～150 kg 内变化，质量变化范围间隔为 25 kg，对集成座椅半主动悬架系统的拖拉机半车模型进行仿真模拟，获得的不同人体-座椅质量参数的座椅半主动悬架系统振动响应特性结果如图 4-19 所示。

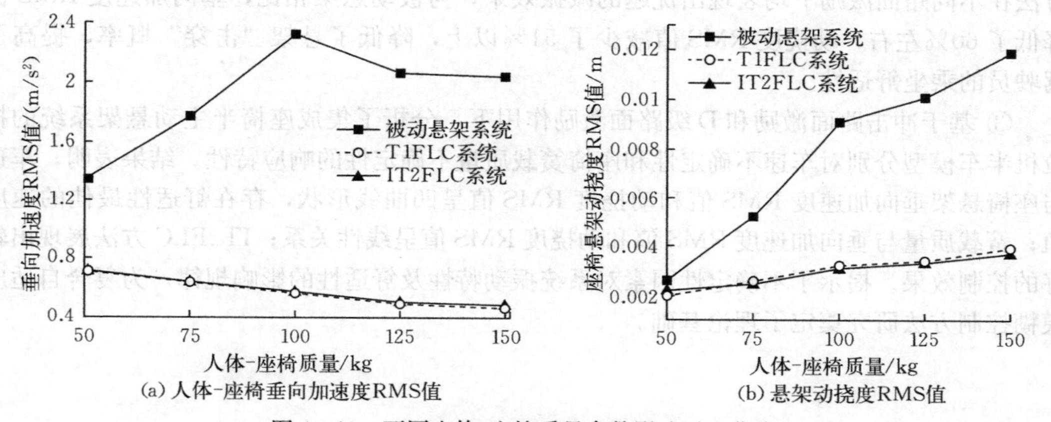

图 4-19　不同人体-座椅质量参数影响对比曲线

从图 4-19 中可以看出，不同人体-座椅质量对被动悬架系统影响显著，随着质量的增大，被动座椅悬架动挠度 RMS 值不断升高，撞击限位块的概率增加，恶化了乘坐舒适性和操纵稳定性，人体-座椅质量垂向加速度随着人体-座椅质量的增大先升高，最后趋于水平，在 100 kg 时达到最高点。因此，人体-座椅质量的变化对乘坐舒适性影响显著。无论人体-座椅质量参数如何变化，模糊控制均能获得良好的控制效果，将人体-座椅质量垂向加速度 RMS 值和座椅悬架动挠度 RMS 值控制在一定的范围。随着簧载质量的增加，模糊控制的座椅悬架垂向加速度 RMS 值呈线性下降趋势，座椅动挠度 RMS 值呈线性上升趋势。随着人体-座椅质量参数的变化，IT2FLC 和 T1FLC 无显著差异，在座椅悬架动挠度的控制效果上，IT2FLC 较 T1FLC 有稍微的提高，但效果不明显，在 3%以内；对于人体-座椅质量垂向加速度的控制效果，IT2FLC 略低于 T1FLC，但不明显。

综上所述，路面不平度、座椅簧载质量和车速不确定性因素对悬架系统影响显著，特别对于被动悬架系统的影响，由于其不变的悬架参数，无法满足变化的外界扰动变量，使得乘坐舒适性严重恶化。而半主动控制方法，如智能控制方法中的模糊控制能够根据悬架的输入和输出参数对其控制参数进行实时调整，最大限度地进行减振控制。由于 IT2FLC 在 T1FLC 的基础上增加了处理自身语言和数据不确定性的能力，其控制效果略优于 T1FLC，具有更强的健壮性，为 IT2FLC 方法的深入研究提供了有力支持。

4.5 本章小结

① 基于集成座椅半主动悬架的拖拉机模型的不确定性、路面扰动和车速的不确定性问题，提出了基于 ADDC 的 IT2FLC 方法。根据拖拉机半主动控制系统原理和加速度传感器测量技术，设计了基于 ADDC 的 T1FLC 和 IT2FLC 控制器，利用相平面法分析了控制方法的稳定性。

② 基于路面不确定性对集成座椅半主动悬架系统的拖拉机半车模型振动特性的影响，仿真比较了 IT2FLC、T1FLC 和被动悬架的控制效果。仿真结果表明，随着路面不平度水平的升高，座椅悬架垂向加速度 RMS 值和动挠度 RMS 值呈抛物线递增趋势；IT2FLC 方法在不同路面激励下均表现出优越的减振效果，与被动悬架相比，垂向加速度 RMS 值降低了 60%左右，动挠度 RMS 值减少了 51%以上，降低了悬架“击穿”概率，提高了驾驶员的乘坐舒适性。

③ 基于冲击路面激励和 D 级路面激励作用下，分析了集成座椅半主动悬架系统的拖拉机半车模型分别对车速不确定性和座椅簧载质量不确定性的响应特性。结果表明，车速与座椅悬架垂向加速度 RMS 值和动挠度 RMS 值呈凹曲线形状，存在舒适性最佳的速度值；簧载质量与垂向加速度 RMS 值和动挠度 RMS 值呈线性关系；IT2FLC 方法展现出较好的控制效果。揭示了不确定性因素对系统振动特性及舒适性的影响规律，为复合自适应模糊控制方法研究奠定了理论基础。

第 5 章 拖拉机座椅半主动悬架复合自适应模糊控制

基于 ADDC 的 IT2FLC 方法能够有效处理拖拉机座椅半主动悬架系统不确定性，但当模型参数和外界扰动变化较大时，其控制性能下降较为显著。考虑到滑模控制对参数变化及扰动不灵敏，具有高度健壮性的特点，将其与 IT2FLC、自适应算法等相结合，以天棚控制作为模型参考，形成复合自适应模糊控制方法，实现座椅 MRD 半主动控制。

5.1 滑模控制基本理论及设计方法

滑模控制（sliding mode control，SMC）是苏联学者 Utkin 和 Emelyanov 等提出的一种非线性控制方法。SMC 具有开关特性的不连续性，这种不连续控制使得系统“结构”具有随时间变化的开关特性，即变结构控制特性。这种开关特性的控制量使得系统朝着滑模面运动，并最终环绕滑模面运动。滑模面是可以进行设计的，且与对象参数及扰动无关，使得 SMC 具有响应快、对参数变化及扰动不灵敏、无须系统在线辨识、物理实现简单等优点。SMC 已经发展成为一种新的控制设计方法，适用于广泛的系统，包括非线性、时变、离散、大规模、无限维、随机和分布式系统。SMC 已被广泛应用于车辆电机控制、机器人智能控制、高铁智能控制和航空航天控制等领域。分析 SMC 的基础理论及基本设计方法，为拖拉机座椅半主动悬架复合自适应模糊控制方法设计提供理论支持。

5.1.1 滑模控制基本理论

考虑到一般情况，定义不确定非线性系统模型为

$$\dot{\boldsymbol{x}}(t)=\boldsymbol{f}(\boldsymbol{x},t)+\boldsymbol{g}(\boldsymbol{x},t)\boldsymbol{u}(t)+\boldsymbol{d}(t) \tag{5-1}$$

式中，$\boldsymbol{x}=[x_1, x_2, \cdots, x_n]^{\mathrm{T}}=[x_1, \dot{x}_1, \cdots, x_1^{(n-1)}]^{\mathrm{T}}\in R^n$，为状态向量，其中 n 为变量数量；$\boldsymbol{f}(\boldsymbol{x},t)\in R^n$ 和 $\boldsymbol{g}(\boldsymbol{x},t)\in R^n$ 为关于变量 x 和时间 t 的未知非线性连续函数，其中 $\boldsymbol{g}(\boldsymbol{x},t)>\boldsymbol{0}$；$\boldsymbol{u}(t)\in R^m$，为控制输入向量，其中 m 为控制输入向量的维数；$\boldsymbol{d}(t)\in R^n$ 为扰动变量，具有已知上界 $\|\boldsymbol{d}(t)\|\leqslant d_{\mathrm{ub}}$。则滑模控制器 $\boldsymbol{u}(t)=[u_1(t), u_2(t), \cdots, u_m(t)]^{\mathrm{T}}$ 可设计为

$$u_i(t)=\begin{cases}u_i^{+}(t), & s_i(x)>0\\ u_i^{-}(t), & s_i(x)<0\end{cases} \tag{5-2}$$

式中，$i=1, 2, \cdots, m$，$u_i^+(t)\neq u_i^-(t)$，$\boldsymbol{s}(x)=[s_1(x), s_2(x), \cdots, s_m(x)]^{\mathrm{T}}\in R^m$，为切换函数向量（滑模面）。在滑模控制中系统在状态空间中运动，当系统运动到预先设计的滑动平面上时，系统状态就将保持在滑动平面上，不再脱离滑动平面，这种运动称为滑模运动，这种运动状态也称为滑动模态。系统状态空间某一区域的运动点一旦趋近于某一滑模面 $s_i(x)=0$，就将在此滑模面内运动，则称这一区域为滑动模态区或滑模区，而这一运动就称为滑模运动。

SMC 欲达到预定的控制功能需满足以下 3 个条件：

① 保证控制输入可以根据滑模面函数的正负值进行切换，即式（5-2）存在。

② 满足可达性条件，即状态空间内所有切换面以外的点都需在有限的时间内到达切换面。

③ 确保滑模运动的稳定性，即确保系统到达滑模面后处于滑动模态时可以沿滑模面“滑动”至稳定点。

5.1.2 滑模控制设计方法

SMC 设计主要分两步进行：①合理确定滑模面 $\boldsymbol{s}(x)$，使得系统满足期望的动态品质，如稳定性、抗干扰能力和跟踪特性；②构建切换反馈控制 $u(t)$，使得系统状态轨迹能够快速到达滑模面，从而达到并保持预期的性能。

为便于实现，滑模面常设计为线性状态变量的组合：

$$s_i(x)=\sum_{j=1}^{n}k_{ji}x_j(t)=\sum_{j=1}^{n-1}k_{ji}x_j(t)+x_n \tag{5-3}$$

式中，k_{ji} 为滑模系数，$i=1, 2, \cdots, m$ 为系统滑模面数，$j=1, 2, \cdots, n$ 为系统状态变量数，且 $x_j(t)\in x(t)$。在滑模控制中，常使 $k_{ni}=1$，系数矩阵 $[k_{1j}, k_{2j}, \cdots, k_{(n-1)j}, 1]$ 满足多项式 $p^{n-1}+k_{(n-1)j}+\cdots+k_{2j}p+k_{1j}$ 为 Hurwitz，其中 p 为 Laplace 算子。滑模控制器的主要目标是在有限的时间内将系统状态轨迹驱动到指定的滑动面上，此后保持在该滑动面上运动。

以 SMC 中的等效滑模控制为基础，分析滑模控制器设计方法，为复合自适应模糊控制方法的研究奠定理论基础。

5.1.2.1 等效滑模控制设计

等效滑模控制的控制律 $\boldsymbol{u}(t)$ 通常由等效控制 $\boldsymbol{u}_{\mathrm{eq}}(t)$ 和切换控制 $\boldsymbol{u}_{\mathrm{sw}}(t)$ 组成，即

$$\boldsymbol{u}(t)=\boldsymbol{u}_{\mathrm{eq}}(t)+\boldsymbol{u}_{\mathrm{sw}}(t) \tag{5-4}$$

切换控制迫使系统状态在滑模面上滑动，等效控制将系统状态保持在滑模面上。

对于跟踪问题，设定跟踪误差向量为

$$\boldsymbol{e}=\boldsymbol{x}_{\mathrm{ref}}-\boldsymbol{x}=[e, \dot{e}, \cdots, e^{(n-1)}]^{\mathrm{T}} \tag{5-5}$$

则与之对应的滑模切换函数向量定义为

$$\boldsymbol{s}(t)=\boldsymbol{ke}=\sum_{i=1}^{n-1}k_ie^{(i-1)}+e^{(n-1)} \tag{5-6}$$

式中，$\boldsymbol{k}=[k_1, k_2, \cdots, k_{n-1}]$，为误差向量系数；$n$ 为状态向量 $\boldsymbol{x}$ 的数量。

不考虑扰动项，令 $\dot{\boldsymbol{s}}(t)=\boldsymbol{0}$，即可得到滑模控制律的等效项 $\boldsymbol{u}_{\mathrm{eq}}(t)$，对 $\boldsymbol{s}(t)$ 求导可得

$$\dot{\boldsymbol{s}}(t)=k_1\dot{\boldsymbol{e}}+k_2\ddot{\boldsymbol{e}}+\cdots+\boldsymbol{e}^{(n)}=\sum_{i=1}^{n-1}k_i\boldsymbol{e}^{(i)}+\boldsymbol{x}_{\text{ref}}^{(n)}-\boldsymbol{f}(\boldsymbol{x},t)-\boldsymbol{g}(\boldsymbol{x},t)\boldsymbol{u}(t) \tag{5-7}$$

等效控制律设计为

$$\boldsymbol{u}_{\text{eq}}(t)=\boldsymbol{g}^{-1}(\boldsymbol{x},t)\left(\sum_{i=1}^{n-1}k_i\boldsymbol{e}^{(i)}+\boldsymbol{x}_{\text{ref}}^{(n)}-\boldsymbol{f}(\boldsymbol{x},t)\right) \tag{5-8}$$

为了保证滑模可达性条件成立，即 $\boldsymbol{s}^{\text{T}}(t)\dot{\boldsymbol{s}}(t)\leqslant\eta|\boldsymbol{s}(t)|$，$\eta>0$，设计高频切换律为

$$\boldsymbol{u}_{\text{sw}}(t)=\boldsymbol{g}^{-1}(\boldsymbol{x},t)K\text{sgn}(\boldsymbol{s}(t)) \tag{5-9}$$

式中，$K=d_{\text{ub}}+\eta$。

由式（5-1）、式（5-4）、式（5-8）和式（5-9），可得 $\boldsymbol{s}(t)$ 的导数为

$$\begin{aligned}\dot{\boldsymbol{s}}(t)&=\sum_{i=1}^{n-1}k_i\boldsymbol{e}^{(i)}+\boldsymbol{x}_{\text{ref}}^{(n)}-\boldsymbol{f}(\boldsymbol{x},t)-\boldsymbol{g}(\boldsymbol{x},t)\boldsymbol{u}(t)\\&=-K\text{sgn}[\boldsymbol{s}(t)]-\boldsymbol{d}(t)\end{aligned} \tag{5-10}$$

取李雅普诺夫函数 $V=\frac{1}{2}\boldsymbol{s}^{\text{T}}(t)\boldsymbol{s}(t)$，则

$$\begin{aligned}\dot{V}&=\boldsymbol{s}^{\text{T}}(t)\dot{\boldsymbol{s}}(t)\\&=\boldsymbol{s}^{\text{T}}(t)(-K\text{sgn}(\boldsymbol{s}(t))-\boldsymbol{d}(t))\\&\leqslant-\eta|\boldsymbol{s}(t)|\end{aligned} \tag{5-11}$$

因此，$\dot{V}\leqslant0$，所设计的等效滑模控制系统渐进稳定，$t\to\infty$ 时，$\boldsymbol{s}(t)\to0$。

5.1.2.2　滑模趋近律设计

要实现滑模变结构控制，需要系统运动点不断穿越切换面，系统运动点穿越切换面时具有一定的速度，所以在不断切换穿越的过程中会形成抖振现象。实际控制系统中，由于时间滞后，系统运动惯性及测量误差等因素，被控系统会在切换面上下做高频的抖振运动，这种现象会增大控制的不稳定性，影响控制效果及精度，严重时还会造成被控系统的失稳。除非在特殊情况下可能需要利用抖振外，一般来说抖振是十分有害的，因为它可能激发系统的高频振动，导致控制精度下降，加剧实际装置磨损，增加系统能耗等，严重时甚至会直接导致控制机构损坏，带来人身和财产损失，所以滑模控制无论是应用于座椅悬架系统还是其他系统，都要避免这种极端情况发生。在实际工程中，如果不消除抖振或将其削弱到允许范围，滑模控制是不能使用的。所以在使用滑模控制策略时，削弱抖振是必须解决的问题。

抖振是阻碍滑模控制理论在工程实际中应用的重要因素。在抖振的抑制上，Slotine 等学者提出了在设计滑动模态控制器时引入“准滑动模态”和“边界层”等概念，采用饱和函数替代切换函数，即在边界层以外采用正常的滑模控制，在边界层内采用状态连续反馈控制，此方法可有效避免或减弱抖振现象；我国高为炳院士提出利用趋近律的概念来抑制抖振的方法，可以通过整合参数来抑制抖振，控制品质有效提高。其他很多学者也对这个问题做了大量的研究，提出了不少削弱抖振的方法。不过，削弱抖振的方法总的来说主要分两类：一类是对理想切换采用连续化近似，一类是调整趋近律。

现有的趋近律主要有等速趋近律、指数趋近律、幂次趋近律和一般趋近律等，通过调

整趋近律的参数，就可以抑制抖振，提高控制品质，是一种非常好用的设计方法。系统在有限时间内到达切换面的运动为趋近运动，趋近运动的轨迹决定了滑模控制的性能。为了改善趋近运动的动态品质，常用以下几种指定的趋近律方法。

(1) 等速趋近律

$$\dot{s}(t)=-K\mathrm{sgn}(s(t)) \tag{5-12}$$

式中，$K>0$，为常数，表示系统的运动点趋近滑模面的速率，其取值越大趋近越快，但引起的抖振也越大。

(2) 指数趋近律

$$\dot{s}(t)=-K\mathrm{sgn}(s(t))-ks(t) \tag{5-13}$$

式中，$K>0$，$k>0$，该趋近律在等速趋近律的基础上增加指数趋近，缩短了趋近时间，可以使得 K 值极小，不仅保证了趋近速度也削弱了抖振。

(3) 幂次趋近律

$$\dot{s}(t)=-K|s(t)|^{\alpha}\mathrm{sgn}\ (s(t))-ks(t) \tag{5-14}$$

式中，$K>0$，$0<\alpha<1$，调整 α 值实现趋近速度的调整。当系统状态远距离接近滑模面时，赋予 α 较大的值，使得系统以较快的速度趋近滑动模态；当系统趋近滑动模态时，系统以较小的控制增益趋近滑模面，并降低了抖振现象。

(4) 一般趋近律

$$\dot{s}(t)=-K\mathrm{sgn}(s(t))-h(s(t)) \tag{5-15}$$

式中，$K>0$，$h(0)=0$，当 $s(t)>0$ 时，$s(t)h(s(t))>0$。该趋近律在等速趋近的基础上增加了函数项，从而使得系统运动点能够根据设计者的理想轨迹趋近滑模面，并在滑模面区域运动，不仅控制了趋近速度，也降低了抖振现象。

除了上述四种经典的趋近律，也出现了许多其他趋近律设计方法，如模糊趋近方法、滤波方法、饱和函数法、终端趋近律法等，均以保证可达性条件、改善趋近运动的动态品质、削减抖振现象为基础对滑模控制的趋近律进行设计。

5.2 复合自适应模糊控制方法设计

对于式（5-1）的不确定非线性模型，简化为单输入单输出（SISO）非线性系统，对系统中的未知非线性函数 $f(x, t)$ 和 $g(x, t)$ 进行模糊逼近处理，而对于跟踪问题中的误差项，式（5-5）采用误差指定性能控制的方法，使其能够快速收敛到指定的误差范围，从而保证滑模控制的稳定性和健壮性。

5.2.1 误差指定性能控制方法

定义误差取值范围为

$$-\rho(t)<e(t)<\rho(t) \tag{5-16}$$

式中，$\rho(t)$ 为误差性能函数，是一个光滑有界函数，且 $\lim\limits_{t\to\infty}\rho(t)>0$，$\forall t\geqslant 0$。误差性能函数的表达式为

$$\rho(t)=(\rho(0)-\rho_{\infty})\mathrm{e}^{-\lambda t}+\rho_{\infty} \tag{5-17}$$

式中，$0<|e(0)|<\rho(0)$，$0<\rho_{\infty}\triangleq\lim\limits_{t\to\infty}\rho(t)<\rho(0)$，$\lambda>0$。$\rho(t)>0$ 且以指数形式趋近于 ρ_{∞}。ρ_{∞} 表示稳态误差的最大允许值，可以设置为测量装置的分辨率值，因此误差 $e(t)$ 实际上趋近于零。常数 λ 决定了 $\rho(t)$ 的收敛速度。

在确保收敛精度的前提下，使得跟踪误差快速收敛，将跟踪误差设置为

$$e(t)=\rho(t)S(\varepsilon) \tag{5-18}$$

式中，$S(\varepsilon)$ 为指定误差性能函数，是光滑连续递增函数，且 $-1<S(\varepsilon)<1$，$\lim\limits_{\varepsilon\to\infty}S(\varepsilon)=1$，$\lim\limits_{\varepsilon\to-\infty}S(\varepsilon)=-1$；$\varepsilon$ 为误差性能函数变量。则误差性能函数的表达式为

$$S(\varepsilon)=\frac{e(t)}{\rho(t)} \tag{5-19}$$

根据 $S(\varepsilon)$ 的特性，利用双曲正切函数（tanh 函数）表示为

$$S(\varepsilon)=\frac{e^{\varepsilon}-e^{-\varepsilon}}{e^{\varepsilon}+e^{-\varepsilon}} \tag{5-20}$$

由于 $-1\leqslant S(\varepsilon)\leqslant 1$，$\rho(t)>0$，则 $-\rho(t)<\lambda(t)S(\varepsilon)<\rho(t)$，即 $-\rho(t)<e(t)<\rho(t)$。因此，跟踪误差的定义域为

$$\Xi=\{e\in R:|e(t)|<\lambda,\ \forall t\geqslant 0 \text{ 且当 } t\to\infty \text{ 时 } |e(t)|<\lambda_{\infty}\} \tag{5-21}$$

根据式（5-20）可求得 $S(\varepsilon)$ 的逆函数为

$$\begin{aligned}\varepsilon&=\frac{1}{2}\ln\frac{1+S(\varepsilon)}{1-S(\varepsilon)}=\frac{1}{2}\ln\frac{1+\dfrac{e(t)}{\rho(t)}}{1-\dfrac{e(t)}{\rho(t)}}=\frac{1}{2}\ln\frac{\rho(t)+e(t)}{\rho(t)-e(t)}\\&=\frac{1}{2}(\ln(\rho(t)+e(t))-\ln(\rho(t)-e(t)))\end{aligned} \tag{5-22}$$

求 ε 的一阶导数和二阶导数，可得

$$\dot{\varepsilon}=\frac{1}{2}\left(\frac{\dot{\rho}(t)+\dot{e}(t)}{\rho(t)+e(t)}-\frac{\dot{\rho}(t)-\dot{e}(t)}{\rho(t)-e(t)}\right) \tag{5-23}$$

$$\begin{aligned}\ddot{\varepsilon}&=\frac{1}{2}\left(\frac{(\ddot{\rho}+\ddot{e})(\rho+e)-(\dot{\rho}+\dot{e})^2}{(\rho+e)^2}-\frac{(\ddot{\rho}-\ddot{e})(\rho-e)-(\dot{\rho}-\dot{e})^2}{(\rho-e)^2}\right)\\&=\frac{\ddot{\rho}(\rho+e)-(\dot{\rho}+\dot{e})^2}{2(\rho+e)^2}+\frac{\ddot{e}(\rho+e)}{2(\rho+e)^2}-\frac{\ddot{\rho}(\rho-e)-(\dot{\rho}-\dot{e})^2}{2(\rho-e)^2}+\frac{\ddot{e}(\rho-e)}{2(\rho-e)^2}\\&=\frac{\ddot{\rho}(\rho+e)-(\dot{\rho}+\dot{e})^2}{2(\rho+e)^2}-\frac{\ddot{\rho}(\rho-e)-(\dot{\rho}-\dot{e})^2}{2(\rho-e)^2}+\left(\frac{\rho+e}{2(\rho+e)^2}+\frac{\rho-e}{2(\rho-e)^2}\right)\ddot{e}\\&=M_1+M_2+M_3\ddot{e}(t)\end{aligned} \tag{5-24}$$

式中

$$M_1=\frac{\ddot{\rho}(t)(\rho(t)+e(t))-(\dot{\rho}(t)+\dot{e}(t))^2}{2(\rho(t)+e(t))^2}$$

$$M_2=-\frac{\ddot{\rho}(t)(\rho(t)-e(t))-(\dot{\rho}(t)-\dot{e}(t))^2}{2(\rho(t)-e(t))^2}$$

$$M_3=\frac{\rho(t)+e(t)}{2(\rho(t)+e(t))^2}+\frac{\rho(t)-e(t)}{2(\rho(t)-e(t))^2}$$

为了实现 $\varepsilon\to 0$，设计滑模函数 σ 为

$$\sigma=k\varepsilon+\dot{\varepsilon} \tag{5-25}$$

式中，$k>0$。因此，式（5－25）的导数为

$$
\begin{aligned}
\dot{\sigma} &= k\dot{\varepsilon}+\ddot{\varepsilon}=M_1+M_2+M_3\ddot{e}(t)\\
&=k\dot{\varepsilon}+M_1+M_2+M_3(\ddot{x}_{\mathrm{ref}}-f(x,t)-g(x,t)u(t)-d(t))\\
&=M_1+M_2-M_3f(x,t)-M_3g(x,t)u(t)-M_3d(t)+M_3\ddot{x}_{\mathrm{ref}}+k\dot{\varepsilon}
\end{aligned}
\tag{5-26}
$$

5.2.2 模糊逼近原理

利用区间二型模糊逻辑控制系统对式（5－1）中的未知不确定非线性函数 $f(x, t)$ 和 $g(x, t)$ 进行逼近，$f(x, t)$ 的 Mamdani 方式逼近模糊函数为 $\hat{f}(x|\theta_f)$，$g(x, t)$ 的 Mamdani 方式逼近模糊函数为 $\hat{g}(x|\theta_g)$，具体表达式为

$$
\begin{cases}
\hat{f}(x|\theta_f)=\dfrac{1}{2}\displaystyle\sum_{i=1}^{M}(\bar{\xi}_{fi}\bar{\theta}_{fi}+\underline{\xi}_{fi}\underline{\theta}_{fi})\\
\hat{g}(x|\theta_g)=\dfrac{1}{2}\displaystyle\sum_{i=1}^{M}(\bar{\xi}_{gi}\bar{\theta}_{gi}+\underline{\xi}_{gi}\underline{\theta}_{gi})
\end{cases}
\tag{5-27}
$$

式中，$i=1, 2, \cdots, M$，M 为 IT2FLS 的模糊规则数；$\theta_f\in[\underline{\theta}_f, \bar{\theta}_f]$、$\theta_g\in[\underline{\theta}_g, \bar{\theta}_g]$分别为 IT2FLC 的后件模糊集。$\underline{\xi}_{fi}$、$\bar{\xi}_{fi}$、$\underline{\xi}_{gi}$ 和 $\bar{\xi}_{gi}$ 为对应模糊函数的模糊基变量，采用 Nie－Tan 降型方法将其分别定义为

$$
\begin{cases}
\underline{\xi}_{fi}=\dfrac{\bar{w}_{fi}+\underline{w}_{fi}-\mathrm{sgn}(\underline{m}_{fi})\Delta w_{fi}}{\displaystyle\sum_{i=1}^{M}(\bar{w}_{fi}+\underline{w}_{fi})-\mathrm{sgn}(\underline{m}_{fi})\Delta w_{fi}}\\
\bar{\xi}_{fi}=\dfrac{\bar{w}_{fi}+\underline{w}_{fi}+\mathrm{sgn}(\bar{m}_{fi})\Delta w_{fi}}{\displaystyle\sum_{i=1}^{M}(\bar{w}_{fi}+\underline{w}_{fi})-\mathrm{sgn}(\bar{m}_{fi})\Delta w_{fi}}\\
\underline{\xi}_{gi}=\dfrac{\bar{w}_{gi}+\underline{w}_{gi}-\mathrm{sgn}(\underline{m}_{gi})\Delta w_{gi}}{\displaystyle\sum_{i=1}^{M}(\bar{w}_{gi}+\underline{w}_{gi})-\mathrm{sgn}(\underline{m}_{gi})\Delta w_{gi}}\\
\bar{\xi}_{gi}=\dfrac{\bar{w}_{gi}+\underline{w}_{gi}+\mathrm{sgn}(\bar{m}_{gi})\Delta w_{gi}}{\displaystyle\sum_{i=1}^{M}(\bar{w}_{gi}+\underline{w}_{gi})-\mathrm{sgn}(\bar{m}_{gi})\Delta w_{gi}}
\end{cases}
\tag{5-28}
$$

式中，$\bar{w}_{fi}$ 和 $\underline{w}_{fi}$ 分别为 $\hat{f}(x|\theta_f)$ 的 IT2FLC 隶属函数对应的区间乘积的上限和下限，$\Delta w_{fi}=\bar{w}_{fi}-\underline{w}_{fi}$；$\bar{w}_{gi}$ 和 $\underline{w}_{gi}$ 分别为 $\hat{g}(x|\theta_g)$ 的 IT2FLC 隶属函数对应的区间乘积的上限和下限，$\Delta w_{gi}=\bar{w}_{gi}-\underline{w}_{gi}$；$\underline{m}_{fi}$、$\bar{m}_{fi}$、$\underline{m}_{gi}$ 和 $\bar{m}_{gi}$ 为二型模糊基降阶的符号判别变量，其表达式分别为

$$
\begin{cases}
\underline{m}_{fi}=\underline{\theta}_{fi}-\dfrac{\displaystyle\sum_{i=1}^{M}\underline{w}_{fi}\underline{\theta}_{fi}}{\displaystyle\sum_{i=1}^{M}\underline{w}_{fi}}, \quad \bar{m}_{fi}=\bar{\theta}_{fi}-\dfrac{\displaystyle\sum_{i=1}^{M}\bar{w}_{fi}\bar{\theta}_{fi}}{\displaystyle\sum_{i=1}^{M}\bar{w}_{fi}}\\
\underline{m}_{gi}=\underline{\theta}_{gi}-\dfrac{\displaystyle\sum_{i=1}^{M}\underline{w}_{gi}\underline{\theta}_{gi}}{\displaystyle\sum_{i=1}^{M}\underline{w}_{gi}}, \quad \bar{m}_{gi}=\bar{\theta}_{gi}-\dfrac{\displaystyle\sum_{i=1}^{M}\bar{w}_{gi}\bar{\theta}_{gi}}{\displaystyle\sum_{i=1}^{M}\bar{w}_{gi}}
\end{cases}
\tag{5-29}
$$

5.2.3　等效滑模控制方法

未知函数经 IT2FLC 系统逼近后的滑模函数的导数为

$$\dot{\sigma}=M_1+M_2-M_3\hat{f}(x|\theta_f)-M_3\hat{g}(x|\theta_g)u(t)-M_3 d(t)+M_3\ddot{x}_{\text{ref}}+k\dot{\varepsilon} \tag{5-30}$$

不考虑扰动项，令 $\dot{\sigma}=0$，则等效控制项 $u_{\text{eq}}(t)$ 为

$$u_{\text{eq}}(t)=\frac{1}{M_3\hat{g}(x|\theta_g)}(M_1+M_2-M_3\hat{f}(x|\theta_f)+M_3\ddot{x}_{\text{ref}}+k\dot{\varepsilon}) \tag{5-31}$$

为了保证滑模到达条件成立，即 $\sigma(t)\dot{\sigma}(t)\leqslant -K|\sigma|$，$K>0$，设计切换控制项为

$$u_{\text{sw}}(t)=-\frac{1}{M_3\hat{g}(x|\theta_g)}K\operatorname{sgn}(\sigma) \tag{5-32}$$

式中，$K\geqslant d_{\text{ub}}$。

滑模控制律由等效控制项和切换控制项组成，即

$$u(t)=u_{\text{eq}}(t)+u_{\text{sw}}(t) \tag{5-33}$$

采用 IT2FLC 对 $u_{\text{sw}}(t)$ 进行逼近，设定 $u_{\text{sw}}(t)$ 的逼近函数为 $\hat{h}(x|\theta_h)$，其原理同 $\hat{f}(x|\theta_f)$ 和 $\hat{g}(x|\theta_g)$。则滑模控制律可写成

$$u(t)=\frac{1}{M_3\hat{g}(x|\theta_g)}(M_1+M_2-M_3\hat{f}(x|\theta_f)+M_3\ddot{x}_{\text{ref}}+k\dot{\varepsilon}+\hat{h}(x|\theta_h)) \tag{5-34}$$

式中，$\hat{h}(\sigma|\theta_h)=\frac{1}{2}\sum_{i=1}^{M}(\bar{\xi}_{hi}\bar{\theta}_{hi}+\underline{\xi}_{hi}\underline{\theta}_{hi})$，$\underline{m}_{hi}=\underline{\theta}_{hi}-\left(\sum_{i=1}^{M}\underline{w}_{hi}\underline{\theta}_{hi}\right)\Big/\left(\sum_{i=1}^{M}\underline{w}_{hi}\right)$，

$\underline{\xi}_{hi}=(\bar{w}_{hi}+\underline{w}_{hi}-\operatorname{sgn}(\underline{m}_{hi})\Delta w_{hi})\Big/\left(\sum_{i=1}^{M}(\bar{w}_{hi}+\underline{w}_{hi})-\operatorname{sgn}(\underline{m}_{hi})\Delta w_{hi}\right)$，

$\bar{\xi}_{hi}=(\bar{w}_{hi}+\underline{w}_{hi}+\operatorname{sgn}(\bar{m}_{hi})\Delta w_{hi})\Big/\left(\sum_{i=1}^{M}(\bar{w}_{hi}+\underline{w}_{hi})-\operatorname{sgn}(\bar{m}_{hi})\Delta w_{hi}\right)$，$\Delta w_{hi}=\bar{w}_{hi}-\underline{w}_{hi}$，

$\bar{m}_{hi}=\bar{\theta}_{hi}-\left(\sum_{i=1}^{M}\bar{w}_{hi}\bar{\theta}_{hi}\right)\Big/\left(\sum_{i=1}^{M}\bar{w}_{hi}\right)$。

5.2.4　模糊自适应算法

设计自适应律为

$$\begin{cases}\dot{\bar{\theta}}_{fi}=-\gamma_1 M_3\bar{\xi}_{fi}\sigma/2\\ \dot{\underline{\theta}}_{fi}=-\gamma_1 M_3\underline{\xi}_{fi}\sigma/2\\ \dot{\bar{\theta}}_{gi}=-\gamma_2 M_3\bar{\xi}_{gi}\sigma u/2\\ \dot{\underline{\theta}}_{gi}=-\gamma_2 M_3\underline{\xi}_{gi}\sigma u/2\\ \dot{\bar{\theta}}_{hi}=-\gamma_3 M_3\bar{\xi}_{hi}\sigma/2\\ \dot{\underline{\theta}}_{hi}=-\gamma_3 M_3\underline{\xi}_{hi}\sigma/2\end{cases} \tag{5-35}$$

式中，γ_1、γ_2 和 γ_3 为自适应参数，均为正常数。

定义未知 IT2FLS 模糊逼近函数 $\hat{f}(x|\theta_f)$、$\hat{g}(x|\theta_g)$ 和 $\hat{h}(\sigma|\theta_h)$ 的自适应参数分别为 $\underline{\theta}_{fi}^*$、$\bar{\theta}_{fi}^*$、$\underline{\theta}_{gi}^*$、$\bar{\theta}_{gi}^*$、$\underline{\theta}_{hi}^*$ 和 $\bar{\theta}_{hi}^*$，分别是下列优化问题的最优参数：

$$\begin{cases}\theta_{fi}^*=\arg\min\limits_{\underline{\theta}_f,\bar{\theta}_f\in\Omega_f}\left(\sup\limits_{x\in R^n}\left|f(x,t)-\hat{f}(x|\underline{\theta}_f,\bar{\theta}_f)\right|\right)\\ \theta_{gi}^*=\arg\min\limits_{\underline{\theta}_g,\bar{\theta}_g\in\Omega_g}\left(\sup\limits_{x\in R^n}\left|g(x,t)-\hat{g}(x|\underline{\theta}_g,\bar{\theta}_g)\right|\right)\\ \theta_{hi}^*=\arg\min\limits_{\underline{\theta}_h,\bar{\theta}_h\in\Omega_h}\left(\sup\limits_{x\in R^n}\left|u_{sw}(t)-\hat{h}(\sigma|\underline{\theta}_h,\bar{\theta}_h)\right|\right)\end{cases} \tag{5-36}$$

式中，Ω_f 为 $\underline{\theta}_{fi}^*$ 和 $\bar{\theta}_{fi}^*$ 的凸集，Ω_g 为 $\underline{\theta}_{gi}^*$ 和 $\bar{\theta}_{gi}^*$ 的凸集，Ω_h 为 $\underline{\theta}_{hi}^*$ 和 $\bar{\theta}_{hi}^*$ 的凸集。

定义模糊最小逼近误差为

$$\omega=f(x,t)-\hat{f}(x|\underline{\theta}_f^*,\bar{\theta}_f^*)+[g(x,t)-\hat{g}(x|\underline{\theta}_g^*,\bar{\theta}_g^*)]u(t) \tag{5-37}$$

假设存在有界常数 D_f 和 D_g，满足下列不等式：

$$\begin{cases}\left|f(x,t)-\hat{f}(x|\underline{\theta}_f^*,\bar{\theta}_f^*)\right|\leqslant D_f\\ \left|g(x,t)-\hat{g}(x|\underline{\theta}_g^*,\bar{\theta}_g^*)\right|\leqslant D_g\end{cases} \tag{5-38}$$

根据式（5－38）的假设条件，式（5－37）可近似为

$$|\omega|\leqslant D_f+D_g|u(t)| \tag{5-39}$$

理论上，对于不确定非线性函数的模糊逼近，模糊系统的规则数越多，其模糊最小逼近误差越小，能够获得更好的近似效果，但过多的模糊规则制定较复杂，且增大计算量，对处理系统硬件的要求较高。

结合模糊逼近原理、等效控制方法和模糊自适应算法中的推理内容，则模糊滑模控制函数的导数式（5－26）分析推理如下：

$$\begin{aligned}\dot{\sigma}&=M_1+M_2-M_3f(x,t)-M_3g(x,t)u(t)-M_3d(t)+M_3\ddot{x}_{ref}+k\dot{\varepsilon}\\ &=M_1+M_2-M_3f(x,t)-M_3[g(x,t)-\hat{g}(x|\theta_g)]u(t)-M_3\hat{g}(x|\theta_g)u(t)-\\ &\quad M_3d(t)+M_3\ddot{x}_{ref}+k\dot{\varepsilon}\\ &=-M_3f(x,t)+M_3\hat{f}(x|\theta_f)-M_3g(x,t)u(t)+M_3\hat{g}(x|\theta_g)u(t)-\\ &\quad M_3d(t)-\hat{h}(\sigma|\theta_h)\\ &=M_3\hat{f}(x|\theta_f)-M_3\hat{f}(x|\underline{\theta}_f^*,\bar{\theta}_f^*)+M_3[\hat{g}(x|\theta_g)-\hat{g}(x|\underline{\theta}_g^*,\bar{\theta}_g^*)]u(t)-\\ &\quad M_3\omega-M_3d(t)-\hat{h}(\sigma|\theta_h)+\hat{h}(\sigma|\underline{\theta}_h^*,\bar{\theta}_h^*)-\hat{h}(\sigma|\underline{\theta}_h^*,\bar{\theta}_h^*)\\ &=\frac{1}{2}M_3\sum_{i=1}^{M}[\bar{\xi}_{fi}(\bar{\theta}_{fi}-\bar{\theta}_{fi}^*)+\underline{\xi}_{fi}(\underline{\theta}_{fi}-\underline{\theta}_{fi}^*)]-\frac{1}{2}M_3\sum_{i=1}^{M}[\bar{\xi}_{hi}(\bar{\theta}_{hi}-\bar{\theta}_{hi}^*)+\underline{\xi}_{hi}(\underline{\theta}_{hi}-\underline{\theta}_{hi}^*)]+\\ &\quad\frac{1}{2}M_3\sum_{i=1}^{M}[\bar{\xi}_{gi}(\bar{\theta}_{gi}-\bar{\theta}_{gi}^*)+\underline{\xi}_{gi}(\underline{\theta}_{gi}-\underline{\theta}_{gi}^*)]u(t)-M_3\omega-M_3d(t)-\hat{h}(\sigma|\underline{\theta}_h^*,\bar{\theta}_h^*)\\ &=\frac{1}{2}M_3\sum_{i=1}^{M}(\bar{\xi}_{fi}\tilde{\bar{\theta}}_{fi}+\underline{\xi}_{fi}\tilde{\underline{\theta}}_{fi})-\frac{1}{2}M_3\sum_{i=1}^{M}(\bar{\xi}_{hi}\tilde{\bar{\theta}}_{hi}+\underline{\xi}_{hi}\tilde{\underline{\theta}}_{hi})+\frac{1}{2}M_3\sum_{i=1}^{M}(\bar{\xi}_{gi}\tilde{\bar{\theta}}_{gi}+\underline{\xi}_{gi}\tilde{\underline{\theta}}_{gi})u(t)-\\ &\quad M_3\omega-M_3d(t)-\hat{h}(\sigma|\underline{\theta}_h^*,\bar{\theta}_h^*)\end{aligned} \tag{5-40}$$

式中，$\tilde{\bar{\theta}}_{fi}=\bar{\theta}_{fi}-\bar{\theta}_{fi}^*$，$\tilde{\underline{\theta}}_{fi}=\underline{\theta}_{fi}-\underline{\theta}_{fi}^*$，$\tilde{\bar{\theta}}_{gi}=\bar{\theta}_{gi}-\bar{\theta}_{gi}^*$，$\tilde{\underline{\theta}}_{gi}=\underline{\theta}_{gi}-\underline{\theta}_{gi}^*$，$\tilde{\bar{\theta}}_{hi}=\bar{\theta}_{hi}-\bar{\theta}_{hi}^*$，$\tilde{\underline{\theta}}_{hi}=\underline{\theta}_{hi}-\underline{\theta}_{hi}^*$。

5.2.5　稳定性分析

采用李雅普诺夫（Lyapunov）第二方法对提出的复合自适应模糊控制器的稳定性进行分析，取李雅普诺夫函数为

$$V=\frac{1}{2}\sigma^2+\frac{1}{2\gamma_1}\sum_{i=1}^{M}(\tilde{\bar{\theta}}_{fi}^2+\tilde{\underline{\theta}}_{fi}^2)+\frac{1}{2\gamma_2}\sum_{i=1}^{M}(\tilde{\bar{\theta}}_{gi}^2+\tilde{\underline{\theta}}_{gi}^2)+\frac{1}{2\gamma_3}\sum_{i=1}^{M}(\tilde{\bar{\theta}}_{hi}^2+\tilde{\underline{\theta}}_{hi}^2) \tag{5-41}$$

则李雅普诺夫函数的导数为

$$\begin{aligned}\dot{V}=&\sigma\dot{\sigma}+\frac{1}{\gamma_1}\sum_{i=1}^{M}(\tilde{\bar{\theta}}_{fi}\dot{\tilde{\bar{\theta}}}_{fi}+\tilde{\underline{\theta}}_{fi}\dot{\tilde{\underline{\theta}}}_{fi})+\frac{1}{\gamma_2}\sum_{i=1}^{M}(\tilde{\bar{\theta}}_{gi}\dot{\tilde{\bar{\theta}}}_{gi}+\tilde{\underline{\theta}}_{gi}\dot{\tilde{\underline{\theta}}}_{gi})+\frac{1}{\gamma_3}\sum_{i=1}^{M}(\tilde{\bar{\theta}}_{hi}\dot{\tilde{\bar{\theta}}}_{hi}+\tilde{\underline{\theta}}_{hi}\dot{\tilde{\underline{\theta}}}_{hi})\\
=&\frac{1}{2}\sigma M_3\sum_{i=1}^{M}(\bar{\xi}_{fi}\tilde{\bar{\theta}}_{fi}+\underline{\xi}_{fi}\tilde{\underline{\theta}}_{fi})-\frac{1}{2}\sigma M_3\sum_{i=1}^{M}(\bar{\xi}_{hi}\tilde{\bar{\theta}}_{hi}+\underline{\xi}_{hi}\tilde{\underline{\theta}}_{hi})+\\
&\frac{1}{2}\sigma M_3\sum_{i=1}^{M}(\bar{\xi}_{gi}\tilde{\bar{\theta}}_{gi}+\underline{\xi}_{gi}\tilde{\underline{\theta}}_{gi})u(t)-\sigma M_3\omega-\sigma M_3 d(t)-\sigma\hat{h}(\sigma|\underline{\theta}_h^*,\bar{\theta}_h^*)+\\
&\frac{1}{\gamma_1}\sum_{i=1}^{M}(\tilde{\bar{\theta}}_{fi}\dot{\tilde{\bar{\theta}}}_{fi}+\tilde{\underline{\theta}}_{fi}\dot{\tilde{\underline{\theta}}}_{fi})+\frac{1}{\gamma_2}\sum_{i=1}^{M}(\tilde{\bar{\theta}}_{gi}\dot{\tilde{\bar{\theta}}}_{gi}+\tilde{\underline{\theta}}_{gi}\dot{\tilde{\underline{\theta}}}_{gi})+\\
&\frac{1}{\gamma_3}\sum_{i=1}^{M}(\tilde{\bar{\theta}}_{hi}\dot{\tilde{\bar{\theta}}}_{hi}+\tilde{\underline{\theta}}_{hi}\dot{\tilde{\underline{\theta}}}_{hi})\end{aligned} \tag{5-42}$$

式中，$\dot{\tilde{\bar{\theta}}}_{fi}=\dot{\bar{\theta}}_{fi}$，$\dot{\tilde{\underline{\theta}}}_{fi}=\dot{\underline{\theta}}_{fi}$，$\dot{\tilde{\bar{\theta}}}_{gi}=\dot{\bar{\theta}}_{gi}$，$\dot{\tilde{\underline{\theta}}}_{gi}=\dot{\underline{\theta}}_{gi}$，$\dot{\tilde{\bar{\theta}}}_{hi}=\dot{\bar{\theta}}_{hi}$，$\dot{\tilde{\underline{\theta}}}_{hi}=\dot{\underline{\theta}}_{hi}$，并结合自适应律［式（5-35)]，可知

$$\dot{V}=-\sigma M_3\omega-\sigma M_3 d(t)-\sigma\hat{h}(\sigma|\underline{\theta}_h^*,\bar{\theta}_h^*) \tag{5-43}$$

式中，$M_3>0$，$|d(t)|\leqslant d_{\mathrm{ub}}$，$\hat{h}(\sigma|\underline{\theta}_h^*,\bar{\theta}_h^*)=K^*\operatorname{sgn}(\sigma)$。取 $K^*>M_3(D_f+D_g u(t)+d_{\mathrm{ub}})+K$，因此，式（5-43）的不等式为

$$\dot{V}<-K|\sigma| \tag{5-44}$$

由此证明了所设计的复合自适应模糊控制器的稳定性，并保证了滑模面渐近收敛于零，且系统的自适应参数保持有界。

5.3　复合自适应模糊控制应用

将提出的复合自适应模糊控制方法应用于第 2 章的集成座椅半主动悬架系统的拖拉机半车模型中，控制第 3 章的变阻尼 MRD，验证复合自适应模糊控制方法的有效性。基于复合自适应模糊控制方法的拖拉机座椅半主动悬架系统控制原理如图 5-1 所示，以理想天棚控制模型为理论参考模型，指定集成座椅半主动悬架系统的拖拉机半车模型与参考模型的误差性能，并结合 IT2FLC、等效滑模控制和自适应律对拖拉机集成座椅半主动悬架系统的不确定项及等效滑模控制的切换项进行万能逼近和模糊控制，从而获得需求阻尼力，通过 MRD 控制器和 MRD 动力学模型得到实际阻尼力，完成拖拉机集成座椅半主动悬架系统的闭环控制。

结合第 2 章集成座椅半主动悬架系统的拖拉机半车模型与理想天棚模型的复合自适应

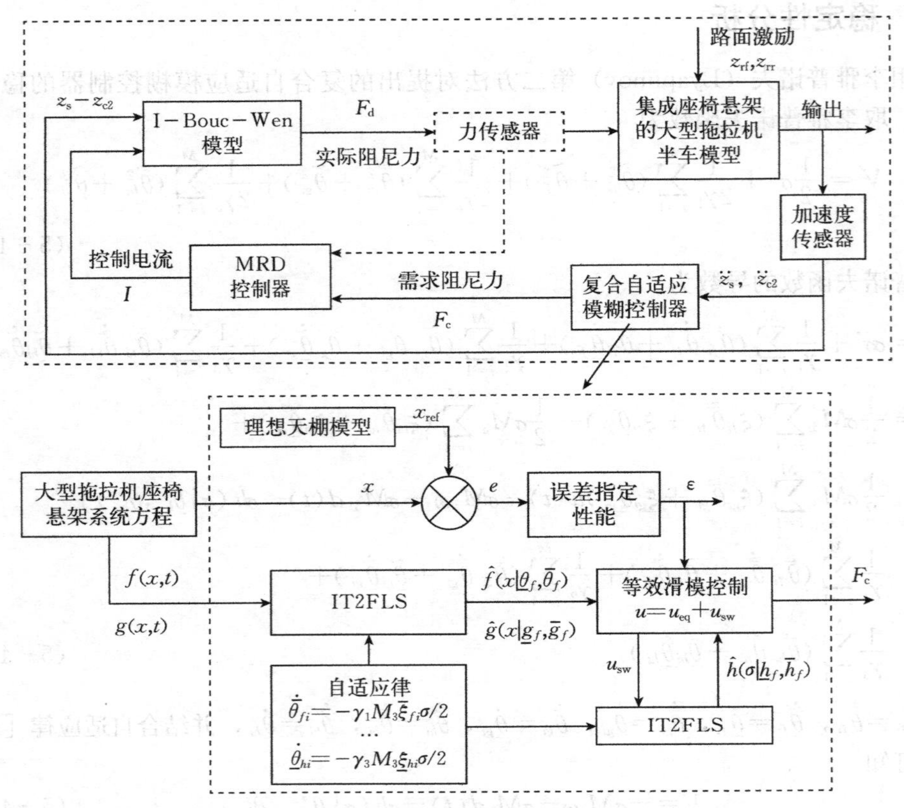

图 5-1　座椅半主动悬架系统复合自适应模糊控制方法原理框图

模糊控制的结构简图如图 5-2 所示。天棚控制能够显著提高乘坐舒适性，对人体-座椅系统的振动加速度和座椅悬架系统的动行程具有良好的抑制效果。选取天棚模型为参考模型，将参考模型与集成座椅半主动悬架系统的拖拉机半车模型之间的运动状态误差作为复合自适应模糊控制器的输入，在复合控制器的作用下使得集成座椅半主动悬架系统的拖拉机半车模型与参考模型之间的动态误差处于指定误差范围，在复合自适应模糊控制下，集成座椅半主动悬架系统的拖拉机半车模型能够很好地跟踪参考模型的运动轨迹，从而提高集成 MRD 的座椅悬架系统的乘坐舒适性。

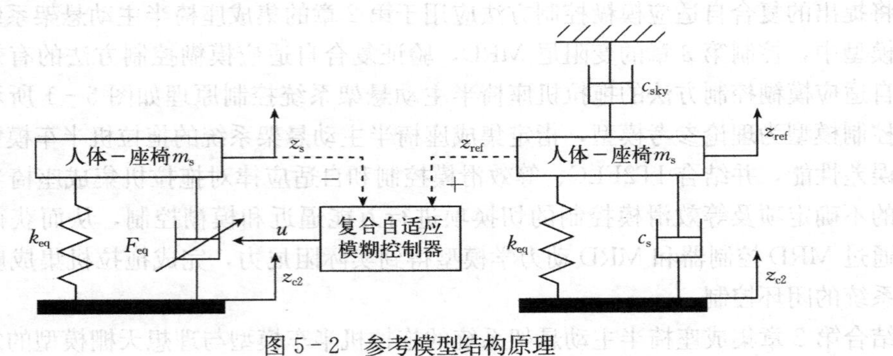

图 5-2　参考模型结构原理

天棚模型的动力学方程为

$$m_s\ddot{z}_{ref}+c_s(\dot{z}_{ref}-\dot{z}_{c2})+k_{eq}(z_{ref}-z_{c2})+c_{sky}\dot{z}_{ref}=0 \tag{5-45}$$

式中，z_{ref}为天棚模型的人体-座椅质量的绝对位移；c_{sky}为天棚模型的阻尼力。

结合式（5-45）和式（5-1）可知：

$$\begin{cases}x_2=\dot{x}_1=\dot{z}_s\\ \dot{x}_2=\ddot{z}_s=f(x,\ t)+g(x,\ t)u(t)+d(t)\end{cases} \tag{5-46}$$

式中，$f(x,\ t)=-\frac{k_{eq}}{m_s}z_s$，$g(x,\ t)=-\frac{1}{m_s}$，$d(t)=-\frac{k_{eq}}{m_s}z_{c2}$，$u(t)=F_{eq}$。

5.4　仿真结果分析

拖拉机座椅半主动悬架复合控制方法在D级随机路面和冲击路面激励下进行仿真分析，车速分别为28 km/h和2.5 km/h。IT2FLC的上、下隶属度函数采用高斯型函数，随机路面激励和冲击路面激励下的可调不确定中心向量值做归一化处理，从而将论域区间限定在［−1，1］之间，可调标准方差值为0.3。初始值$\rho(0)=0.5$，$\rho(\infty)=0.001$，$\lambda=5$；随机路面激励下滑模系数$k=4$，冲击路面激励下滑模系数$k=500$；自适应参数$\gamma_1=200$、$\gamma_2=800$和$\gamma_3=800$。仿真过程中，半主动悬架系统初始状态为［0.5，0］。PID控制器的控制参数设置为：比例系数$K_P=100$，积分系数$K_I=10$，微分系数$K_D=600$。IT2FLC的参数见第4章内容。

复合自适应模糊控制器的误差性能如图5-3所示，可以清楚地观察到，在随机路面和冲击路面激励下，复合自适应模糊控制器能够快速收敛到指定的误差范围，使得误差在期望规定的性能（边界）的限制内，为控制系统提供了良好的性能。总之，跟踪误差满足控制设计要求，允许误差限制为0.001 mm。

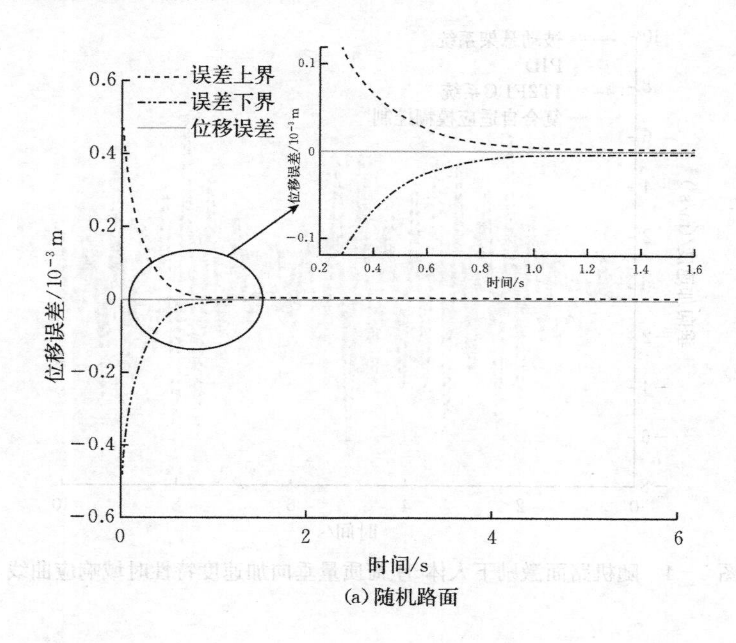

(a) 随机路面

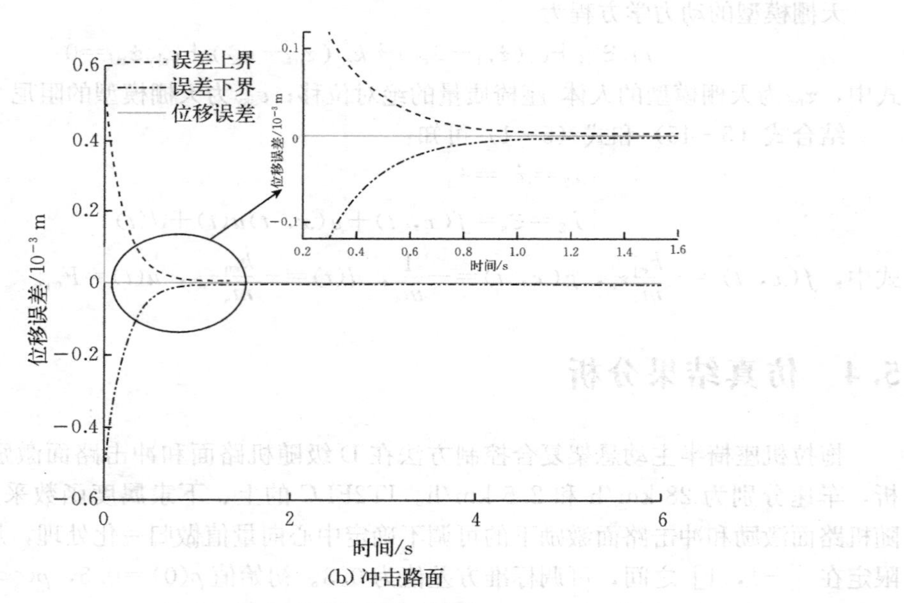

(b) 冲击路面

图 5-3　位移跟踪误差

5.4.1　时域分析

5.4.1.1　随机路面激励

图 5-4 和图 5-5 分别为拖拉机半车悬架系统在随机路面激励和不同控制策略下人体-座椅质量垂向加速度和座椅悬架系统动挠度的时域响应特性，图中虚线为被动悬架系统振动特性曲线，双点划线为 PID 控制系统的振动特性曲线，细实线为区间二型模糊控

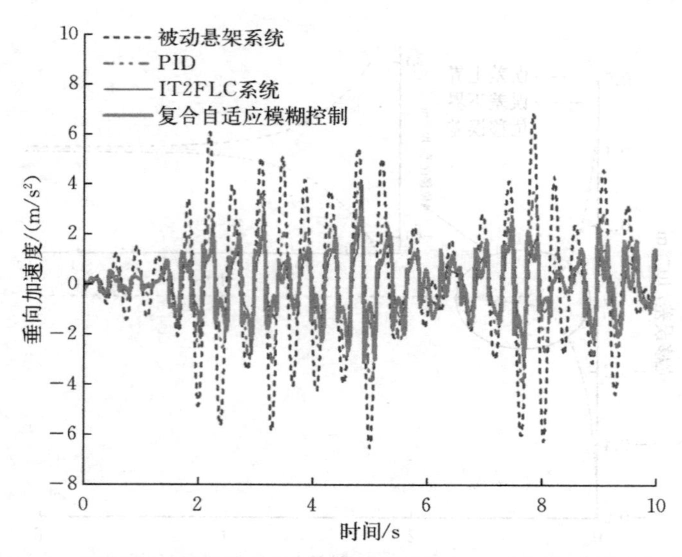

图 5-4　随机路面激励下人体-座椅质量垂向加速度特性时域响应曲线

制（IT2FLC）系统的振动特性曲线，粗实线为复合自适应模糊控制系统的振动特性曲线。从图5-4可以看出：①PID控制、IT2FLC控制和复合自适应模糊控制方法均能有效降低拖拉机座椅悬架系统的人体-座椅质量垂向加速度幅值；②复合自适应模糊控制方法较被动悬架系统能够显著降低人体-座椅质量垂向加速度的振动峰值，改善拖拉机的乘坐舒适性；③复合自适应模糊控制方法较PID控制方法在整个时域范围均能有效降低人体-座椅质量垂向加速度的振动峰值；④复合自适应模糊控制方法与IT2FLC控制方法对人体-座椅质量垂向减振效果差异不显著，但复合自适应模糊控制方法能够有效降低人体-座椅质量垂向加速度的振动峰值；⑤复合自适应模糊控制方法较被动控制、PID控制和IT2FLC控制表现出了良好的减振效果。

从图5-5可以看出，复合自适应模糊控制方法较被动控制、PID控制和IT2FLC控制的振动幅值小，能够显著的降低座椅悬架动挠度，减少撞击缓冲块的概率，提高悬架系统的稳定性和安全性。

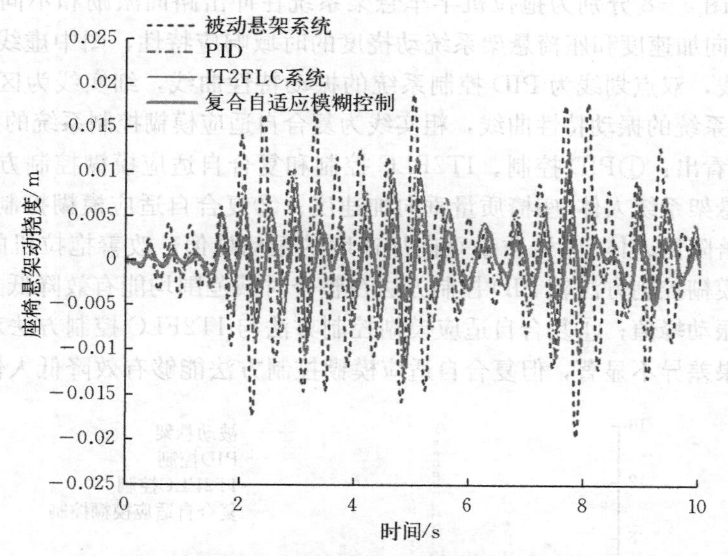

图5-5　随机路面激励下座椅悬架动挠度时域响应曲线

图5-6为拖拉机半车悬架系统在随机路面激励和不同控制策略下人体-座椅质量垂向加速度和座椅悬架系统动挠度的均方根值（RMS）分析结果。从图5-6(a)可以看出，IT2FLC控制较其他控制方法能够显著降低人体-座椅质量加速度RMS值；复合自适应模糊控制方法的减振效果略低于IT2FLC控制，但较被动控制增加了55.24%，较PID控制提高了26.73%。从图5-6(b)可以看出，复合自适应模糊控制方法能够显著改善座椅悬架系统的动挠度，减少座椅悬架系统的动行程，较被动控制座椅悬架动行程减少了74.03%，较PID控制降低了60.78%，较IT2FLC控制改善了47.37%。复合自适应模糊控制方法虽然在人体-座椅质量垂向加速度RMS值略低于IT2FLC控制方法，但能够显著改善座椅悬架系统的动挠度，降低撞击缓冲块的概率，提高了悬架系统的稳定性和安全性。

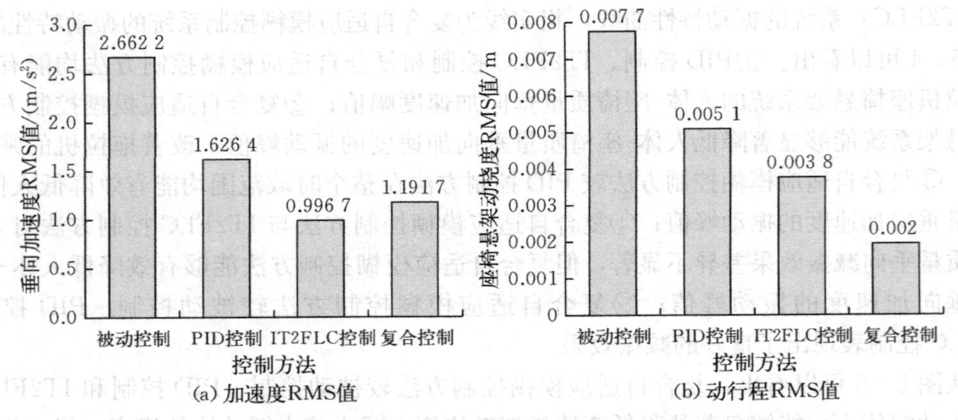

图 5－6　随机路面激励下座椅半主动悬架系统指标 RMS 值柱状图

5.4.1.2　冲击路面激励

图 5－7 和图 5－8 分别为拖拉机半车悬架系统在冲击路面激励和不同控制策略下人体-座椅质量垂向加速度和座椅悬架系统动挠度的时域响应特性，图中虚线为被动悬架系统振动特性曲线，双点划线为 PID 控制系统的振动特性曲线，细实线为区间二型模糊控制（IT2FLC）系统的振动特性曲线，粗实线为复合自适应模糊控制系统的振动特性曲线。从图 5－7 可以看出：①PID 控制、IT2FLC 控制和复合自适应模糊控制方法均能有效降低拖拉机座椅悬架系统人体-座椅质量垂向加速度；②复合自适应模糊控制方法较被动悬架系统能够显著降低人体-座椅质量垂向加速度的振动峰值，改善拖拉机的乘坐舒适性；③复合自适应模糊控制方法较 PID 控制方法在整个时域范围均能有效降低人体-座椅质量垂向加速度的振动峰值；④复合自适应模糊控制方法与 IT2FLC 控制方法对人体-座椅质量垂向减振效果差异不显著，但复合自适应模糊控制方法能够有效降低人体-座椅质量垂

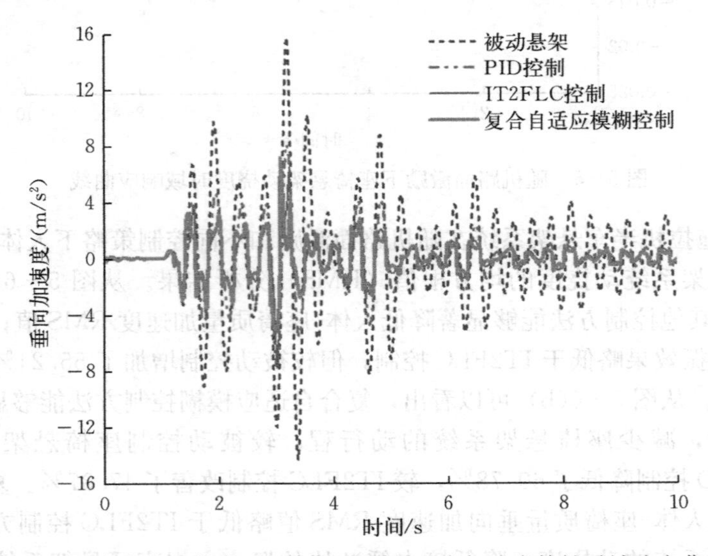

图 5－7　冲击路面激励下人体-座椅质量垂向加速度特性时域响应曲线

向加速度的振动峰值；⑤复合自适应模糊控制方法较被动控制、PID 控制和 IT2FLC 控制表现出了良好的减振效果。

从图 5－8 可以看出，复合自适应模糊控制方法较被动控制、PID 控制和 IT2FLC 控制的振动幅值小，能够显著降低座椅悬架动挠度，减少撞击缓冲块的概率，提高悬架系统的稳定性和安全性。

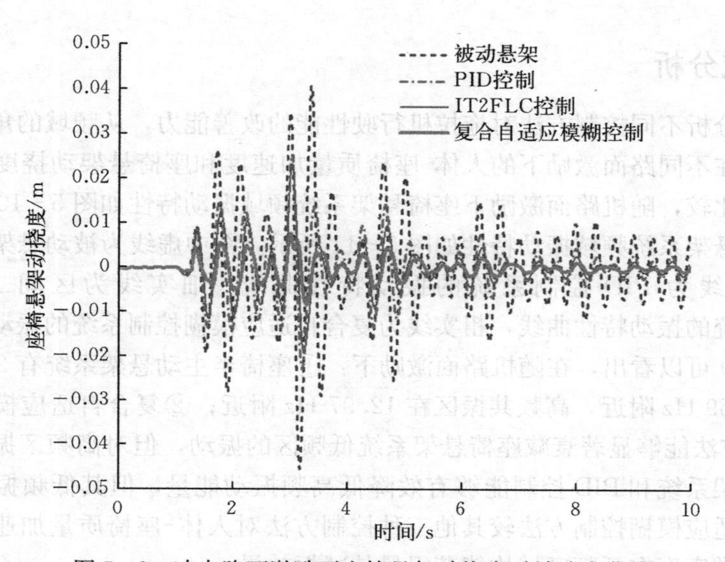

图 5－8　冲击路面激励下座椅悬架动挠度时域响应曲线

图 5－9 为拖拉机半车悬架系统在冲击路面激励和不同控制策略下人体-座椅质量垂向加速度和座椅悬架系统动挠度的均方根（RMS）值分析结果。从图 5－9(a) 可以看出，IT2FLC 控制较其他控制方法能够显著降低人体-座椅质量加速度 RMS 值；复合自适应模糊控制方法的减振效果略低于 IT2FLC 控制，但较被动控制改善了 65.62%，较 PID 控制

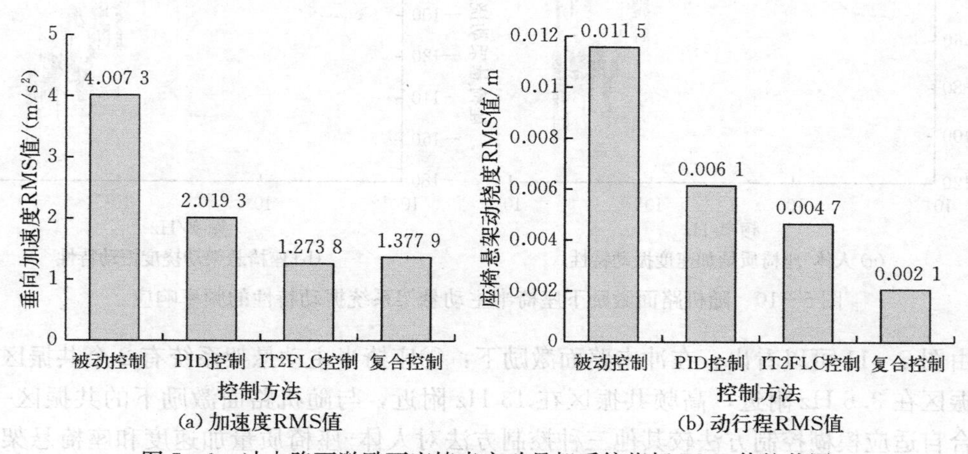

图 5－9　冲击路面激励下座椅半主动悬架系统指标 RMS 值柱状图

提高了31.76%。从图5-9(b)可以看出，复合自适应模糊控制方法能够显著改善座椅悬架系统动挠度，减少座椅悬架系统的动行程，较被动控制座椅悬架动行程减少了81.74%，较PID控制降低了65.57%，较IT2FLC控制改善了55.32%。复合自适应模糊控制方法虽然在人体-座椅质量垂向加速度RMS值略低于IT2FLC控制方法，但能够显著改善座椅悬架系统动挠度，降低撞击缓冲块的概率，提高了悬架系统的稳定性和安全性。

5.4.2 频域分析

为进一步分析不同控制方法对拖拉机行驶性能的改善能力，从频域的角度，对拖拉机半车悬架系统在不同路面激励下的人体-座椅质量加速度和座椅悬架动挠度的功率谱密度曲线进行分析比较，随机路面激励下座椅悬架系统频域振动特性如图5-10所示，冲击路面激励下座椅悬架系统频域振动特性如图5-11所示。图中虚线为被动悬架系统振动特性曲线，双点划线为PID控制系统的振动特性曲线，细实线为区间二型模糊控制(IT2FLC)系统的振动特性曲线，粗实线为复合自适应模糊控制系统的振动特性曲线。

由图5-10可以看出，在随机路面激励下：①座椅半主动悬架系统有2个共振区，低频共振区在3.59 Hz附近，高频共振区在12.97 Hz附近；②复合自适应模糊控制方法和IT2FLC控制方法能够显著衰减座椅悬架系统低频区的振动，但对高频区振动衰减效果较差；③被动悬架系统和PID控制能够有效降低高频振动能量，但其低频振动能量衰减较差；④复合自适应模糊控制方法较其他三种控制方法对人体-座椅质量加速度和座椅悬架动挠度的功率谱密度在低频区域均能获得最佳减振效果。

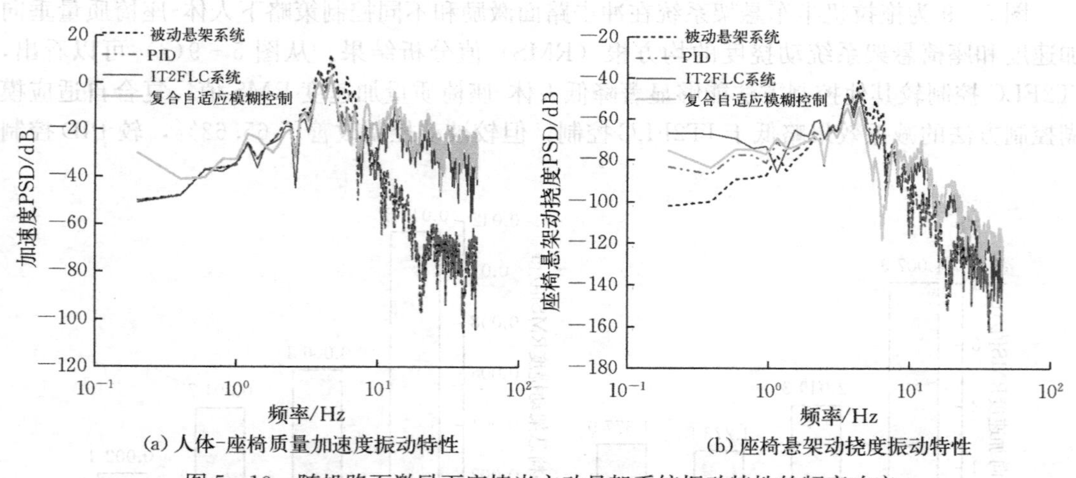

(a) 人体-座椅质量加速度振动特性　(b) 座椅悬架动挠度振动特性

图5-10　随机路面激励下座椅半主动悬架系统振动特性的频率响应

由图5-11可以看出，在冲击路面激励下：①座椅半主动悬架系统有2个共振区，低频共振区在3.6 Hz附近，高频共振区在13 Hz附近，与随机路面激励下的共振区一致；②复合自适应模糊控制方法较其他三种控制方法对人体-座椅质量加速度和座椅悬架动挠度的功率谱密度在低频区域均能获得良好的减振效果。

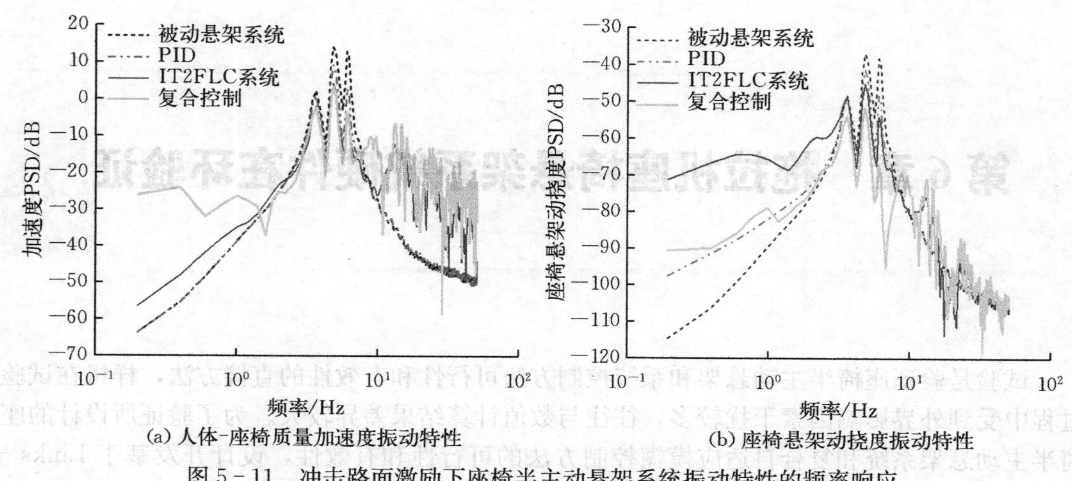

(a) 人体-座椅质量加速度振动特性　　(b) 座椅悬架动挠度振动特性

图 5 - 11　冲击路面激励下座椅半主动悬架系统振动特性的频率响应

5.5　本章小结

① 提出了集 IT2FLC、滑模控制、误差指定性能控制、自适应算法和模型参考相结合的复合自适应模糊控制方法，利用李雅普诺夫第二方法证明了复合自适应模糊控制方法的稳定性。

② 将复合自适应模糊控制方法应用于拖拉机座椅悬架系统，在随机路面激励和冲击路面激励下，与被动控制、PID 控制和 IT2FLC 控制进行了仿真对比分析。仿真结果表明，复合自适应模糊控制方法对冲击路面激励的减振效果显著，与被动悬架相比，座椅悬架垂向加速度 RMS 值降低了 74.03%，动挠度 RMS 值减少了 81.74%，大幅降低了悬架动挠度，降低了"击穿"概率，提高了弹簧使用寿命，改善了乘坐舒适性。

③ 在随机路面激励和冲击路面激励作用下，频域分析结果表明，复合自适应模糊控制方法和 IT2FLC 控制方法在低频范围能够显著降低人体-座椅垂向振动加速度 PSD；较其他控制方法，复合自适应模糊控制方法对座椅悬架动挠度 PSD 影响显著，大幅度降低了悬架撞击限位块的概率，提高了驾驶员的乘坐舒适性。为拖拉机座椅半主动悬架系统的 HILS 验证和田间试验提供了理论指导。

第6章　拖拉机座椅悬架系统硬件在环验证

试验是验证座椅半主动悬架和系统控制方法可行性和有效性的直接方法，样机在试验过程中受到外界影响因素干扰较多，往往与数值计算结果差异较大。为了验证所设计的座椅半主动悬架系统和复合自适应模糊控制方法的可行性和有效性，设计开发基于 Links-RT 的硬件在环仿真试验台，缩短了研发周期，降低了试验成本，为拖拉机座椅系统的实车应用提供技术支持。

6.1　硬件在环实时控制系统

硬件在环实时控制系统常被称为半实物仿真，是指在系统开发过程中，将所研究系统的部分实物接入到仿真回路中的仿真测试，简称硬件在环仿真（HILS）。与国内研究机构和相关企业相比，硬件在环研究在国外较早。例如，美国的 NI LabVIEW RT 系统构成的硬件在环系统具有实时、人机交互以及仿真时进行主机监控等功能，美国 MathWorks 公司开发了用于 MATLAB 中的硬件在环仿真的 xPC 软件包，德国 dSPACE 公司已经开发了基于 MATLAB/Simulink 的控制系统以及一些相关物理硬件的一套测试平台，德国 ETAS 公司则研发了以 LabCar 命名的汽车电子控制单元硬件在环实时仿真系统。这些系统旨在用于在环路硬件仿真中开发的硬件和软件设备。它们在当今汽车工业和相关研发机构中发挥着重要作用。虽然它们具有强大的功能和良好的交互性，但是它们在应用指标和相关技术上仍然存在一定差异，并且它们各自对产品的重视程度也有所不同。国内大多基于国外研发平台进行对硬件在环的应用和改进，如吉林大学汽车动态模拟国家重点试验室吴海东等利用具有实时仿真环境 LabVIEW RT，对整车实际的转向盘转角、油门、制动等物理等信号通过传感器采集构建一硬件在环仿真系统；长沙理工大学的刘选为了验证分布式驱动电动汽车硬件在环仿真试验系统的有效性，将电子差速控制系统与实时系统相结合进行了硬件在环仿真试验；中国石油大学邹宇鹏等搭建基于 dSPACE 硬件在环仿真的系统模型辨识平台，来验证所建立的被控系统的数学模型的准确性；合肥工业大学王惠然开发了一个基于 LabVIEW-RT 和 CarSim 的 EPS 硬件在环测试台；天津天瞳威势电子科技有限公司的于兰等在车辆电动汽车控制器电路中构建了基于 MATLAB/dSPACE 的雪茄硬件仿真测试系统，减少了实际车辆路测的次数，缩短了开发时间、降低了成本，同时提高了车辆驱动程序的质量并降低了汽车制造厂的风险。在第 29 届 IEEE 国际智能汽车会议上，西安交通大学郑南宁院士指导开发的无人驾驶硬件在环仿真平台获得最佳学生论文一等奖。他们将要测试的控制单元硬件连接到虚拟仿真环境，以测试核心算法的可行性和控制器的有效性。这不仅可以快速有效地评估算法的性能，还可以大大提高测试的安全性和算法的安全性。一方面，电路上的硬件仿真避免了实际道路测试可能引起的风险。另一方面，可以在模拟环境中测试各种特殊的驾驶场景，以训练算法，不断提高健壮性，并最终确保模拟车辆的安全驾驶。

在整车产品开发过程中，面向控制系统设计开发流程常用V形开发流程，如图6-1所示，采用“自上而下”的方法对整车或零部件进行设计开发，以“自下而上”的方法进行模型和控制方法的验证。

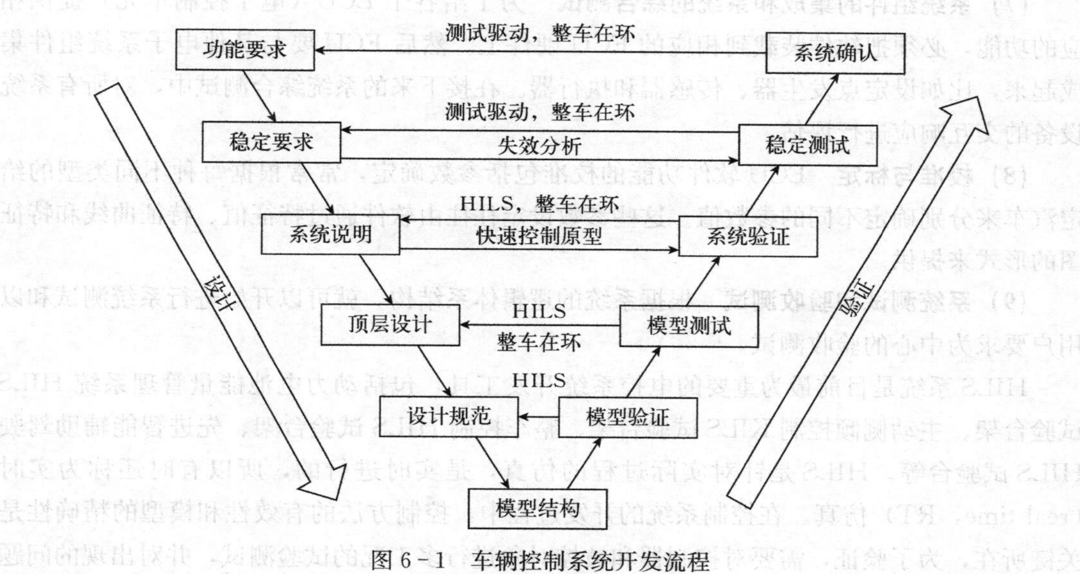

图6-1　车辆控制系统开发流程

V形控制器开发的核心流程包括一系列不同的开发步骤：

(1) 用户需求分析和系统逻辑体系结构的确定　这个步骤的目的是基于与项目相关的用户的需求，对系统逻辑体系结构进行详细定义说明。系统逻辑体系结构包括了对功能网络、功能界面和整个汽车（某种情况下也可以是单个子系统）中各项功能间通信的详细定义说明。这个过程并不对具体的技术实现方面做出任何决定。

(2) 系统逻辑体系结构的分析和系统技术体系结构的确定　系统逻辑体系结构是确定系统技术体系结构的基础。各种技术实现方案的分析是建立在统一的系统逻辑体系结构的基础之上，并得到一系列多方参与的工程学科的理论与方法的支持。系统技术体系结构包括所有通过软件实现的功能以及子功能的定义说明。这个定义也称为软件需求的确定。

(3) 软件需求的分析和软件体系结构的确定　对软件的需求进行分析，并确定软件的体系结构，具体就是确定软件系统的边界和接口，确定软件的组件以及软件层和软件的工作模式和状态。

(4) 软件组件的确定　这个步骤详细定义软件的组件。在这一步骤中我们开始假定处于理想状态环境下。这意味着整个步骤中可以完全不用理会任何执行细节，比如整型算法执行。

（5）软件组件的实现和测试 在设计阶段，上一步骤假定的理想状态将被重新审视。在此，所有会影响到实际实现的细节都必须进行定义说明。由此得到的设计方案将支配软件组件的实现。在这个步骤的最后，还要对软件组件进行测试。

（6）软件组件的集成和软件的集成测试 一旦软件组件开发完成，这个过程的进行要遵循分工原则，而且组成部分已经通过了接下来的测试——这时就能开始集成过程了，在各个组成部分整合入一个软件系统中之后，最后进行软件的集成测试。

（7）系统组件的集成和系统的综合测试 为了给各个ECU（电子控制单元）提供相应的功能，必须把软件装载到相应的ECU硬件上。然后ECU要与其他电子系统组件集成起来，比如设定点发生器、传感器和执行器。在接下来的系统综合测试中，对所有系统设备的交互响应进行评估。

（8）校准与标定 ECU软件功能的校准包括参数确定，常常根据每种不同类型的给定汽车来分别确定不同的参数值。这些参数设定往往由软件通过特征值、特征曲线和特征图的形式来提供。

（9）系统测试和验收测试 根据系统的逻辑体系结构，就可以开始进行系统测试和以用户要求为中心的验收测试。

HILS系统是目前最为重要的电控系统开发工具，包括动力电池能量管理系统HILS试验台架、主动侧倾控制KILS试验台架、整车控制HILS试验台架、先进智能辅助驾驶HILS试验台等。HILS是针对实际过程的仿真，是实时进行的，所以有时还称为实时（real time，RT）仿真。在控制系统的开发过程中，控制方法的有效性和模型的精确性是关键所在，为了验证，需要对控制器和被控对象进行多工况的试验测试，并对出现的问题进行调试改进。但拖拉机行驶和工作环境复杂多变，突发的极限工况都会对MRD和试验设备造成严重影响，导致零部件损坏，存在安全风险。而HILS避免了对物理样机的直接试验测试，既能达到测试目的，又能保证安全性，具有方便快捷、实时性强的特点。因此，对座椅半主动悬架进行HILS测试可以减少实际道路车辆测试的次数，缩短座椅悬架系统振动性能的研发时间，降低开发成本。

为了验证所提控制方法的有效性和可行性，在MATLAB/Simulink软件数值仿真的基础上，利用Links-RT实时仿真平台搭建单自由度座椅半主动悬架系统的硬件环境进行测试验证。Links-RT实时仿真平台是由北京灵思创奇科技有限公司自主开发的半实物仿真系统，以一种将数学仿真和物理验证相结合的方式来进行实验的验证方式，能够为MRD座椅半主动悬架系统提供半物理的实验环境。同仿真和物理实验相比，Links-RT实时仿真平台具有真实性、实时性、经济性和操作简易性等优点。这些优点为应用半实物仿真的MRD座椅半主动悬架系统试验提供了更为便捷的操作平台，可以有效缩短试验时间，使试验更接近于工程实际。

本书所采用的基于Links-RT的HILS平台包含实时仿真机、搭载MRD的座椅悬架、振动试验台等硬件设备以及仿真机内部嵌入的软件组成。基于 Links－RT 的系统架构如图 6－2 所示，具体包括人机交互层、实时仿真层、接口适配单元和用户设备四部分，实时仿真层、接口适配层和用户设备之间通过线缆进行连接，人机交互层和实时仿真层之间通过以太网进行通信。

从图 6－2 可以看出，基于 Links－RT 的 HILS 系统采用分层的系统架构。上位机为安装 Windows 操作系统的计算机，需根据灵思创奇厂家要求安装一定版本的 MATLAB 软件，用于完成系统模型的搭建、数值仿真等，数值模拟控制方法可行后进行模型的编译，生成能够在实时仿真机上运行的二进制代码。实时仿真结果能够实时在计算机的显示装置上展示，并对实时仿真数据进行存储。下位机为实时仿真机，采用 VxWorks 目标系统，对上位机中搭建的仿真模型实时求解，并通过 I/O 接口和接口适配器与用户设备进行数据采集与传输。

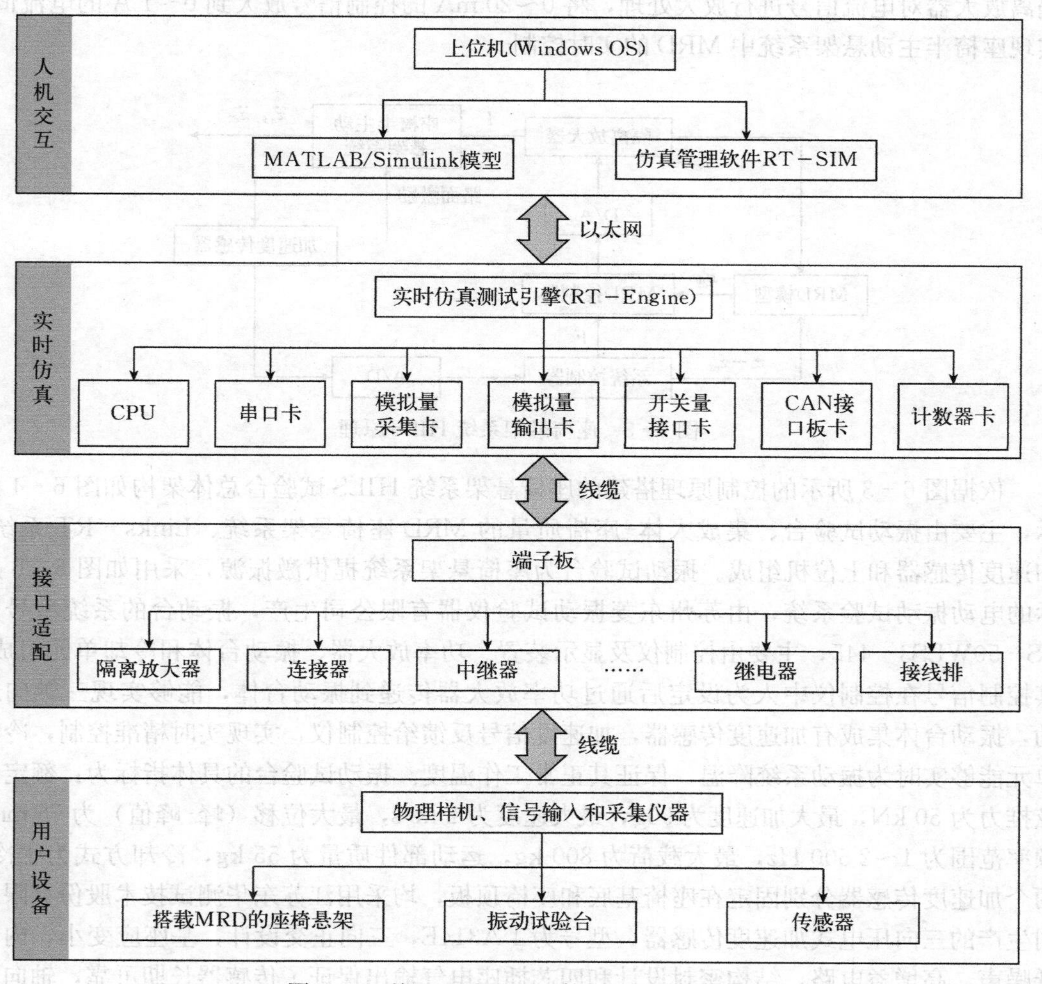

图 6－2　基于 Links－RT 的 HILS 系统架构

6.2 座椅半主动悬架系统HILS试验台搭建

基于Links-RT的HILS系统分层架构，搭建基于MRD的拖拉机座椅悬架系统HILS试验台，实现基于ADDC的IT2FLC方法、复合自适应模糊控制方法以及座椅半主动悬架结构设计的可行性和有效性的验证。

6.2.1 试验台硬件架构

搭载MRD的座椅悬架系统HILS控制原理如图6-3所示。采用两个加速度传感器分别对座椅半主动悬架系统的上支撑面和底座的加速度信号进行采集，经模数转换（A/D）将模拟信号转化为数字信号，系统控制器计算出需求阻尼力 F_c 与MRD模型计算出的实际阻尼力 F_d 并传输给MRD控制器，MRD控制器采用Heaviside函数计算出控制电流 I，隔离放大器对电流信号进行放大处理，将0～20 mA的控制信号放大到0～1 A的电流值，实现座椅半主动悬架系统中MRD的实时控制。

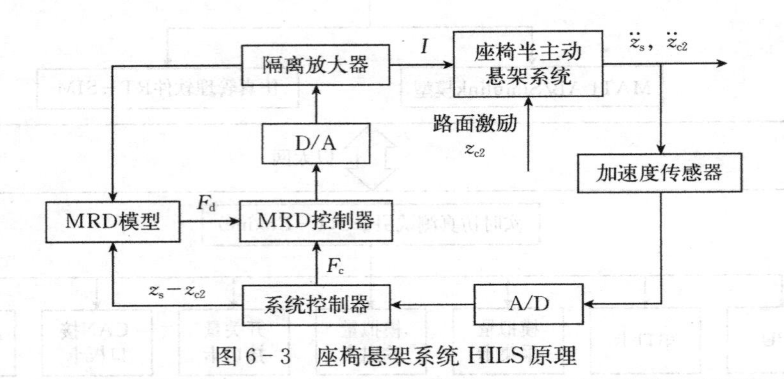

图6-3 座椅悬架系统HILS原理

依据图6-3所示的控制原理搭建的座椅悬架系统HILS试验台总体架构如图6-4所示，主要由振动试验台、集成人体-座椅质量的MRD座椅悬架系统、Links-RT系统、加速度传感器和上位机组成。振动试验台为座椅悬架系统提供激振源，采用如图6-5所示的电动振动试验系统，由苏州东菱振动试验仪器有限公司生产，振动台的系统型号为ES-50WLS3-445，主要由控制仪及显示装置、功率放大器、振动台体和冷却单元组成，其控制信号在控制仪中人为设定后通过功率放大器传递到振动台体，能够实现三轴向运动，振动台体集成有加速度传感器，加速度信号反馈给控制仪，实现实时精准控制，冷却单元能够实时为振动系统降温，保证其正常工作温度。振动试验台的具体指标为：额定正弦推力为50 kN，最大加速度为90g，最大速度为2 m/s，最大位移（峰-峰值）为76 mm，频率范围为1～2 500 Hz，最大载荷为800 kg，运动部件质量为55 kg，冷却方式为水冷。两个加速度传感器分别固定在座椅基底和座椅顶板，均采用江苏东华测试技术股份有限公司生产的三向压电式加速度传感器，型号为1 A314E，三向正交设计，基座应变小，内置低噪声、高增益电路，结构密封设计和四芯插座电气输出保证了传感器长期可靠，轴向灵敏度是98 mV/g，量程 ±50 g，频率测试范围为0.5～7 000 Hz，分辨率为0.000 5 g，安

图 6－4　座椅悬架系统 HILS 试验台总体架构

装可采用黏接方式、磁吸式或螺纹连接方式。加速度传感器将采集到的加速度信号输入到 Links－RT 系统，经过控制器的迭代运算，输出的电流信号经隔离放大器加载到 MRD，实现对座椅半主动悬架系统的实时控制。隔离放大器采用深圳市创新飞扬科技有限公司研发的型号为 DIN 1X1 ISO L－U1－P2－O7 的模拟量大电流输出型隔离放大器，精度为 0.2，线性度误差等级为 0.5 级，输出电流为 0～1 A，标准模拟量输入为 0～20 mA，信号输入与输出 3 000 V 隔离。上位机能够提供系统建模、仿真运行、数据处理、实时显示、数据存储等功能。

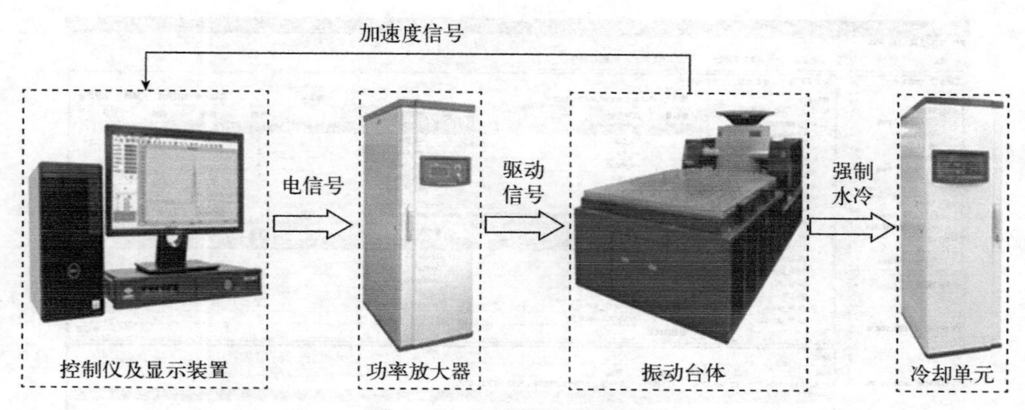

图 6－5　电动振动试验系统

Links－RT 实时目标仿真机是在 VxWorks 实时操作系统下对导入的控制程序进行数值计算和信号传输，主要由 CPU 板、机箱及众多的 I/O 板卡组成，实现控制系统模型的解算，并与外部设备进行通信。Links-RT 实时目标仿真机的 CPU 型号为 LINKS-C3U-SBC-01，采用 Intel T7500 双核处理器，2.2 GHz 主频，2 GB 内存，300 GB 硬盘，用于运行 VxWorks 实时操作系统。HILS 测试中用到的硬件板卡包括串口总线接口板卡、串行电压采集板卡、串行电压输出板卡、数字量 I/O 板卡和 CAN 总线接口板卡。串口总线接口板卡型号为 LINKS-C3U-SIO01，拥有 4 路串行通信接口，最高支持 921.6 Kb/s 的传输率，支持 RTS/CTS 数据流控制功能。CAN 总线接口板卡型号为 LINKS-C3U-CAN，具有 2 个高速 CAN 总线接口，1 Mb/s 的传输率，2 500 V 隔离的特点。串行电压采集板卡，型号为 LINKS-C3U-AI01，具体参数为：64 通道单端模拟量串行采集，16 位分辨率，500 kS/s 采样率，双极−10～+10 V。串行电压输出板卡型号为 LINKS-C3U-AO01-08，采用 8 通道单端电压输出，16 位分辨率，输出范围为−10～+10 V。数字量 I/O 板卡型号为 LINKS-C3U-DIO01，拥有 32 通道数字隔离输入，输入电压为 0～24 V，32 通道数字隔离输出，输出电压为 5～35 V，输入阻抗为 2.4 kΩ。

6.2.2 试验台软件系统

Links-RT 软件由基础软件包和扩展软件包组成。主控软件 RT-Sim、实时代码生成组件 RT-Coder、I/O 模块库 RT-Lib 和目标机实时仿真引擎 RT-Engine 为基础软件包模块，OPC 服务组件 RT-OPC、接口控制指令库 RT-API、分布式仿真组件 RT-MP 和三维视景组件 RT-3D 为扩展软件包模块。基础软件包即可完成基于 MRD 的座椅半主动悬架系统控制方法进行 HILS 验证。

主控软件 RT-Sim 主要处理 MATLAB/Simulink 模型文件，将之转化为能识别的二进制代码，建立控制仿真项目，完成初始化配置。在 HILS 测试过程中，主控软件 RT-Sim 能够实现测试过程的开始、中断和结束等指令操作，软件界面可以实时显示模型变量信息，完成数据分析、实时观测等功能。主控软件 RT-Sim 的界面如图 6-6 所示。

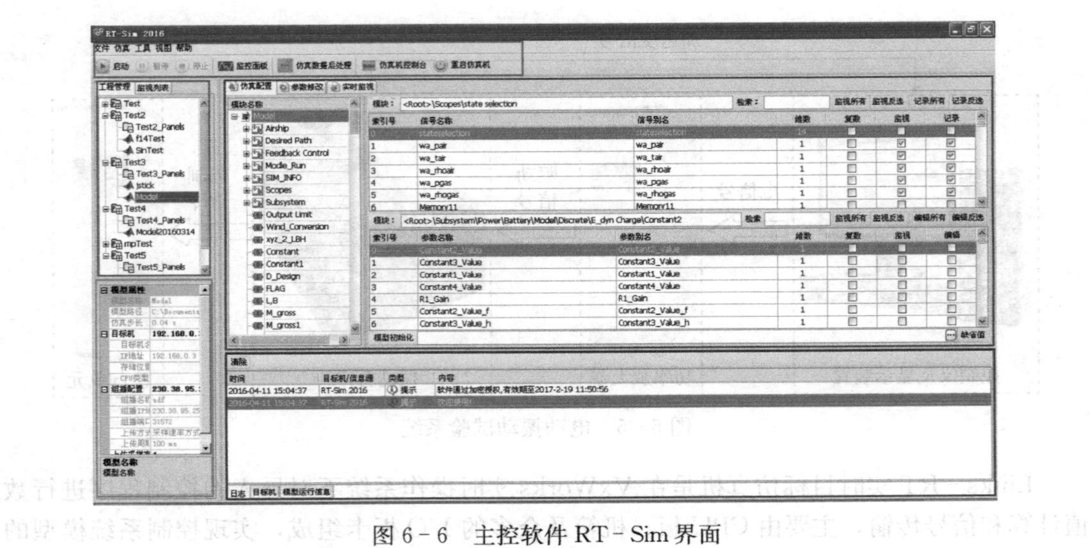

图 6-6 主控软件 RT-Sim 界面

I/O 模块库 RT - Lib 的功能与 MATLAB/Simulink 模块库一致，是对 Simulink 工具箱的扩展补充，提供了系统中所有 I/O 硬件的 Simulink 封装模块，方便用户操作。实时代码生成组件 RT - Coder 用于完成控制模型自动生成 VxWorks 目标代码。RT - Engine 运行于 VxWorks 系统中，为模型的实时仿真提供运行环境，包括模型调度服务、文件传输服务（FTP)、数据通信服务、仿真机启停控制、数据存储服务等。

Links - RT 实时仿真平台的开发运行流程如图 6 - 7 所示，由以下 6 个步骤实现：

（1）数字仿真　搭建控制系统仿真模型，在 Simulink 软件中进行数值仿真，实现模型的初步验证。

（2）半实物模型准备　将数字仿真模型根据 Links - RT 要求进行修改，加入硬件 I/O 模块，建立 HILS 模型。

（3）目标代码自动生成　对 HILS 模型的参数进行设置。在完成 HILS 模型的参数设置后，即可调用自动代码生成组件 RT - Coder，将 Simulink 模型转换为 VxWorks 系统下的可执行程序。

（4）仿真配置管理　根据软件向导，在 RT - Sim 主控软件中建立仿真工程，设置仿真目标机属性，配置监视及保存变量，准备实时仿真。

（5）实时仿真　半实物模型编译生成的可执行程序将自动下载到目标机，进行实时仿真，实物设备通过 I/O 硬件进行交互，上位机的 RT - Sim 软件通过以太网监视目标机状态，并支持启停控制、在线修改参数、实时数据存储等功能。

（6）仿真数据后处理　测试完成后，RT - Sim 将实时仿真过程中存储的数据上传到 PC 设备，能够借助其他软件进行二次处理。

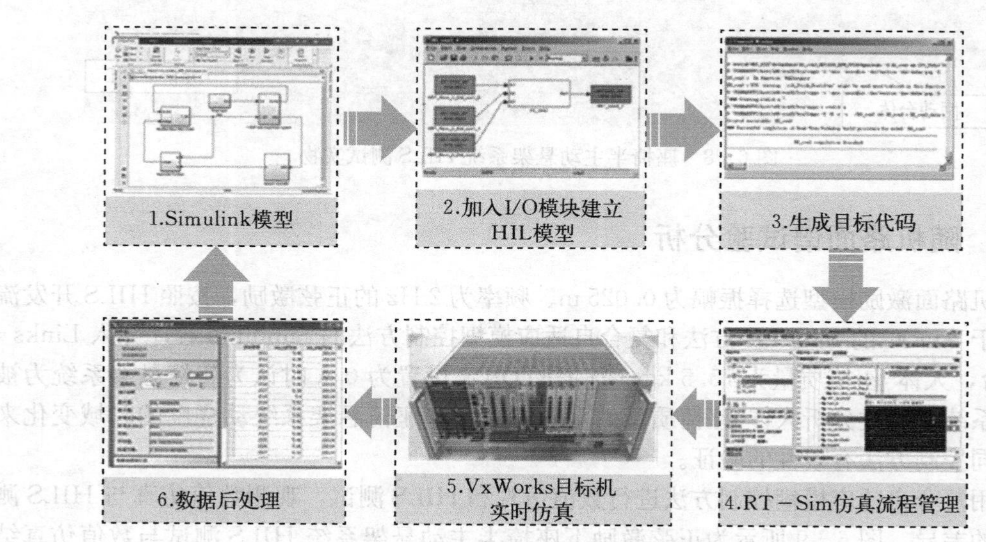

图 6 - 7　Links - RT 开发运行流程

6.3　硬件在环系统试验分析

为了验证所设计的拖拉机 MRD 座椅悬架的可行性和所提控制方法的有效性，结合洛阳西苑车辆与动力检验所有限公司现有试验设备的现状，测试不同路面激励下单自由度座椅半主动悬架系统的振动特性，如图 6-8 所示为拖拉机座椅半主动悬架系统 HILS 测试实物。两个加速度传感器分别固定在座椅半主动悬架的上支撑板和基座上。路面激励选择随机路面激励和冲击路面激励模型，验证基于 ADDC 的 IT2FLC 方法和复合自适应模糊控制方法对座椅半主动悬架系统控制的可行性和有效性。

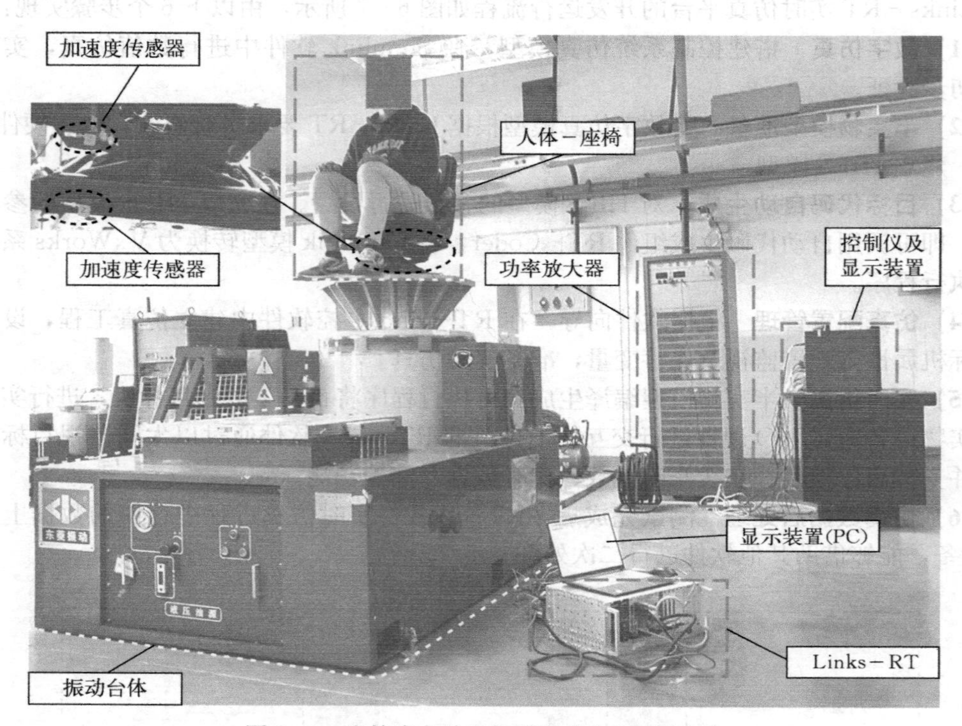

图 6-8　座椅半主动悬架系统 HILS 测试实物

6.3.1　随机路面谱试验分析

随机路面激励模型选择振幅为 0.025 m、频率为 2 Hz 的正弦激励，按照 HILS 开发流程将基于 ADDC 的 IT2FLC 方法和复合自适应模糊控制方法的 Simulink 程序导入 Links-RT 平台，人体-座椅质量为 75.5 kg。当 MRD 电流设置为 0 A 时认为座椅悬架系统为被动控制系统。通过分析人体-座椅质量的垂向加速度和座椅悬架系统动挠度的时域变化来完成不同控制方法有效性的验证。

采用复合自适应模糊控制方法进行数值仿真和 HILS 测试，观测数值仿真与 HILS 测试之间的差异。图 6-9 所示为正弦激励下座椅半主动悬架系统 HILS 测试与数值仿真结果对比，其中虚线为数值仿真曲线，实线为 HILS 测试曲线。可以看出，HILS 测试与数值仿真存在时滞现象，在垂向振动加速度和悬架动挠度的时域信号吻合度较好，HILS 测试曲线的总体趋势与数值仿真曲线一致，由于座椅悬架系统数值模型建模精度以及物理模型存在库仑摩擦、弹簧非线性等因素，使得 HILS 测试结果较数值仿真减小。

图 6-10 为正弦激励下座椅悬架系统的 HILS 测试振动特性曲线，其中虚线为被动控

制振动特性曲线，粗实线为复合自适应模糊控制振动特性曲线，细实线为 IT2FLC 控制振动特性曲线。正弦激励下悬架系统振动特性响应量统计特性见表 6－1。

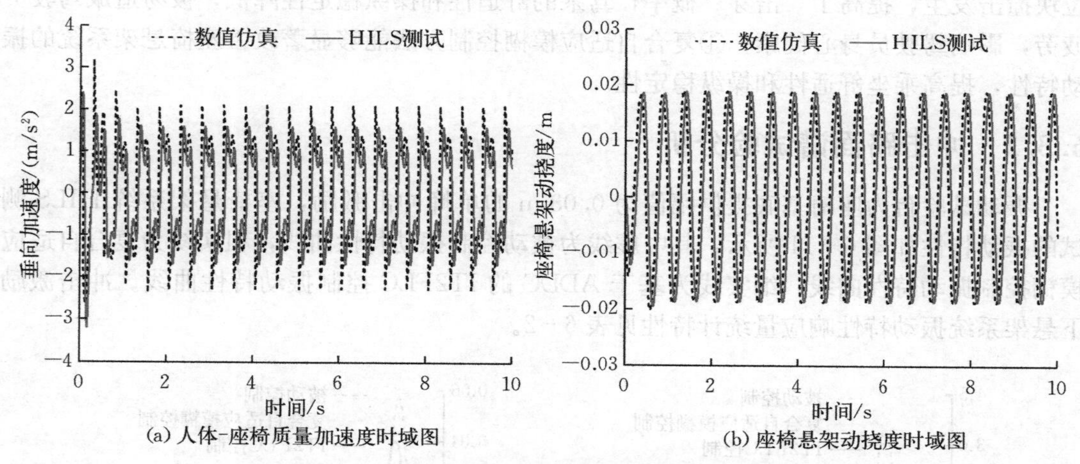

(a) 人体-座椅质量加速度时域图　　(b) 座椅悬架动挠度时域图

图 6－9　正弦激励下 HILS 测试与数值仿真对比

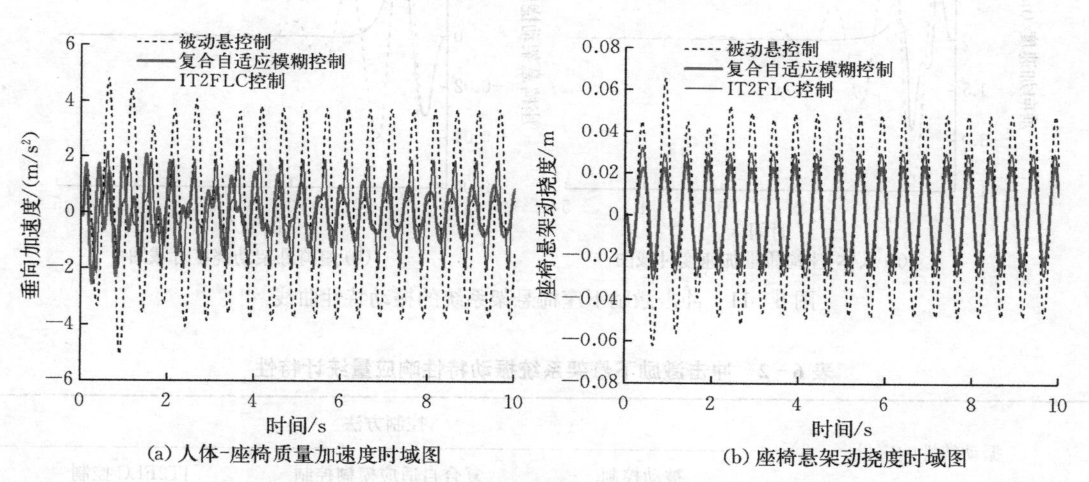

(a) 人体-座椅质量加速度时域图　　(b) 座椅悬架动挠度时域图

图 6－10　正弦激励下座椅悬架系统的振动特性曲线

表 6－1　正弦激励下悬架系统振动特性响应量统计特性

振动特性响应量	控制方法		
	被动控制	复合自适应模糊控制	IT2FLC 控制
垂向加速度/(m/s²)	2.678 0	0.857 4	1.047 7
悬架动挠度/m	0.034 4	0.016 6	0.020 5

由图 6－10 及表 6－1 中数据可以看出：①较 IT2FLC 方法和被动控制，复合自适应模糊控制方法对人体-座椅质量垂向振动加速度和座椅悬架动挠度均有显著影响，其中，垂向加速度较被动控制降低了 67.98%，较 IT2FLC 降低了 18.16%，悬架动挠度较被动控制改善了 51.74%，较 IT2FLC 改善了 19.02%；②复合自适应模糊控制方法蕴含滑模

控制技术，虽然减振效果明显，但由于自身结构特点，存在抖振现象；③被动座椅悬架系统座椅悬架动行程存在瞬时超过 0.12 m，超过拖拉机座椅悬架系统的行程限制，使得限位块撞击发生，提高了“击穿”概率，驾乘的舒适性和操纵稳定性降低，极易造成驾驶员疲劳，影响驾驶员身心健康；④复合自适应模糊控制方法能够显著改善座椅悬架系统的振动特性，提高乘坐舒适性和操纵稳定性。

6.3.2 冲击路面谱试验分析

振动试验台为座椅基底提供幅值为 0.03 m 的单峰冲击激励，座椅悬架系统 HILS 测试的振动特性如图 6-11 所示，其中虚线为被动控制振动特性曲线，粗实线为复合自适应模糊控制振动特性曲线，细实线为基于 ADDC 的 IT2FLC 控制振动特性曲线。冲击激励下悬架系统振动特性响应量统计特性见表 6-2。

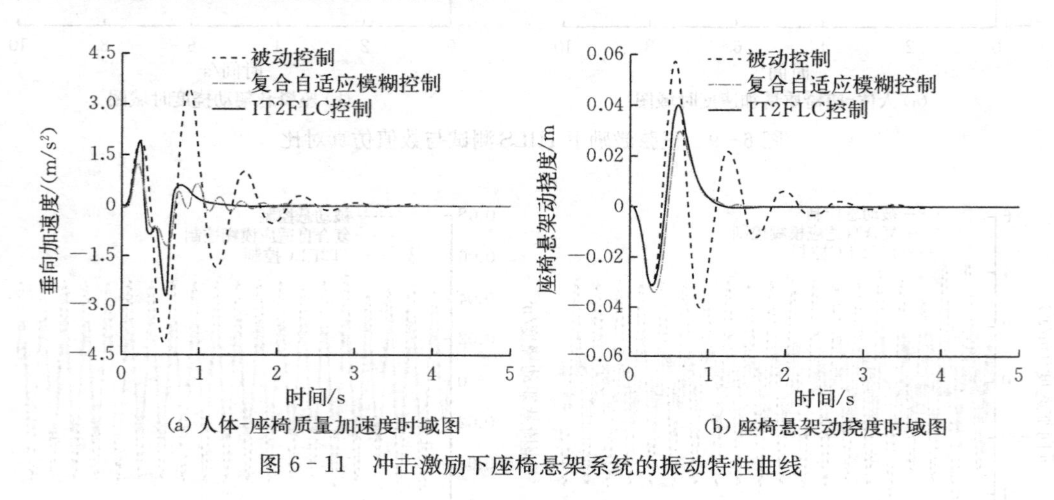

(a) 人体-座椅质量加速度时域图　　(b) 座椅悬架动挠度时域图

图 6-11　冲击激励下座椅悬架系统的振动特性曲线

表 6-2　冲击激励下悬架系统振动特性响应量统计特性

振动特性响应量	控制方法		
	被动控制	复合自适应模糊控制	IT2FLC 控制
垂向加速度/(m/s²)	1.122 4	0.302 6	0.481 0
悬架动挠度/m	0.014 9	0.009 0	0.009 9

从图 6-11(a) 可以看出，三种控制均具有稳态特性，而 IT2FLC 控制方法达到稳定的时间最短，其次为复合自适应模糊控制方法；复合自适应模糊控制方法的垂向加速度幅值和振动稳定时间均较被动悬架低，能够获得较好的乘坐舒适性和操纵稳定性；结合表 6-2 可知，复合自适应模糊控制方法较被动悬架垂向加速度改善了 73.04%，较 IT2FLC 控制方法垂向加速度降低了 37.09%。

从图 6-11(b) 可以看出，复合自适应模糊控制方法能够显著降低冲击激励下座椅悬架系统的动挠度峰值，降低限位块撞击概率，提高了悬架系统的安全性和稳定性，进而提高了乘坐舒适性；结合表 6-2 中的数据可以得出，复合自适应模糊控制方法较被动悬架的动挠度 RMS 降低了 39.60%，较 IT2FLC 控制方法改善了 9.09%，进一步验证了所提控制方法的有效性和座椅悬架系统的可行性。

6.4　本章小结

① 基于硬件在环实时控制系统的工作原理和流程，设计开发了基于 Links - RT 的拖拉机座椅半主动悬架的 HILS 试验台，对座椅半主动悬架系统和复合自适应模糊控制方法的可行性和有效性进行验证。

② 基于随机路面激励和冲击路面激励，对座椅半主动悬架系统进行 HILS 测试。试验结果表明，复合自适应模糊控制方法较模糊控制方法和被动悬架表现出显著的减振效果，降低了人体-座椅的垂向加速度，减少了座椅悬架系统的动挠度，从而降低了"击穿"概率，提高了乘坐舒适性和操作稳定性。验证了复合自适应模糊控制方法的有效性，检验了搭载 MRD 的拖拉机座椅半主动悬架减振性能的可行性，为半主动控制方法的实车应用奠定了基础。

参考文献 REFERENCES

陈得意，2019. 人行桥人致振动舒适度研究［D］. 广州：华南理工大学.

陈辉，2021. 车辆-道路非线性耦合系统动力学建模与分析［D］. 兰州：兰州理工大学.

陈俊杰，郭孔辉，殷智宏，等，2022. 囊式空气弹簧垂向刚度统一模型研究［J］. 机械工程学报，12(58)：180-187.

董瀚林，2022. 航天器绕航的姿轨同步滑模控制方法研究［D］. 哈尔滨：哈尔滨工业大学.

方月，2015. 农用车辆自适应减振座椅悬架设计与仿真［J］. 江苏农业科学，43(7)：437-439.

高辉，2022. 一类模糊切换系统的性能分析及控制［D］. 成都：电子科技大学.

郭鑫星，周瑾，曹晓彦，等，2022. 半主动叶片式阻尼器的建模与实验研究［J］. 工程力学，39(10)：227-237.

国家统计局，2022. 大型拖拉机月度数据［Z］.

国务院，2015. 国务院关于印发《中国制造 2025》的通知［Z］.

胡国良，林豪，李刚，2020. 基于粒子群算法和最小二乘法的磁流变阻尼器 Bouc-Wen 模型参数辨识方法［J］. 磁性材料及器件，51(5)：30-35，42.

黄大山，王炳奇，刘海亮，等，2021. 四轮车辆路面激励数学模型［J］. 兵器装备工程学报，42(2)：142-146.

黄国荣，2016. 基于殖民竞争算法的磁流变：房屋减震系统研究［D］. 福州：福州大学.

黄健，王忠山，马文星，等，2018. 拖拉机工作路面谱测量与分析［J］. 拖拉机与农用运输车，45(4)：20-24.

季美华，2016. 卡尔·本茨：现代汽车工业的先驱者［J］. 智慧中国，11(14)：71-72.

科技部，2021. "十四五"国家重点研发计划"工厂化农业关键技术与智能农机装备"重点专项 2021 年度项目申报指南（征求意见稿）［Z］.

李刚，黄庆生，倪龙，等，2022. 车辆磁流变半主动悬架复合控制策略研究［J］. 现代制造工程，(8)：1-9，38.

李金辉，徐立友，张柯柯，2020. 非平稳行驶条件下重型汽车轮胎动载特性分析［J］. 振动与冲击，39(1)：109-114，39.

李帅，陈军，赵腾，等，2011. 拖拉机座椅振动特性研究［J］. 农机化研究，33(6)：194-197.

林彬斌，2022. 汽车磁流变半主动座椅悬架动力学仿真及控制系统研究［D］. 长春：吉林大学.

林秀芳，2018. 基于 MR 阻尼器的建筑结构半主动控制策略及其优化研究［D］. 福州：福州大学.

刘静，浮洁，韩锦丰，2022. 直升机磁流变座椅悬架缓冲系统模糊控制器设计［J］. 重庆大学学报，45(3)：31-40.

刘委，朱思洪，王家胜，等，2010. 一种带附加气室的空气悬架剪式座椅振动特性理论分析［J］. 中国机械工程，21(14)：1647-1650.

柳伟，朱思洪，李晓艳，2011. 半主动悬架座椅的设计及振动特性实验研究［J］. 科学技术与工程，11

(31)：7721－7725，30.
卢凯欣，2022. 基于复杂执行器约束的非线性系统智能控制及其性能优化研究［D］. 广州：广东工业大学.
逯成林，2021. 人-椅-车动力学模型舒适性仿真与控制研究［D］. 青岛：青岛大学.
吕振鹏，毕凤荣，马腾，等，2021. 车辆半主动座椅悬架自适应模糊滑模控制［J］. 振动与冲击，40(2)：265－271.
毛恩荣，齐道新，顾进恒，等，2022. 基于分层控制的大功率拖拉机前桥悬架减振系统研究［J］. 农业机械学报，53(7)：404－413.
孟小杰，于海龙，芮筱亭，等，2017. 磁流变阻尼器建模及在座椅减振中应用［J］. 噪声与振动控制，37(1)：58－62，81.
莫理莉，2020. 基于滑模变结构的表面式永磁同步电机速度与位置控制［D］. 广州：华南理工大学.
聂信天，2013. 基于驾驶室悬架的拖拉机减振研究［D］. 南京：南京农业大学.
邵万鹏，周一鸣，1991. 农用车辆驾驶座椅设计的专家系统［J］. 北京农业工程大学学报，11(1)：25－30.
水奕洁，RAKHEJA S，上官文斌，2016. 剪式悬架座椅等效刚度阻尼的计算与分析［J］. 振动与冲击，35(19)：38－44.
宋森楠，2019. 基于PID控制的拖拉机半主动悬架设计与仿真［J］. 农业装备与车辆工程，57(6)：60－63.
孙建民，刘祥，赵国浩，等，2022. 基于快速幂次趋近律的人-椅及油气悬架系统模糊滑模控制［J］. 现代制造工程，4：59－67.
唐洪亮，2021. 油气悬架动力学特性建模方法及半主动优化控制研究［D］. 长沙：长沙理工大学.
万伟，郑相周，2012. 农用车磁流变液阻尼器的分析与设计［J］. 农机化研究，34(12)：227－229，52.
王利娟，闫建国，侯占峰，等，2019. 剪式座椅结构参数变化对其减振性能的影响分析［J］. 机电工程，36(4)：368－373.
王杨，2020. 考虑相位补偿的半主动悬架控制策略研究［D］. 长春：吉林大学.
王智慧，2015. 运输状态下拖拉机农具的主动减振控制研究［J］. 装备制造技术（10)：27－29，33.
魏琼，金鹏，张道德，等，2022. 双侧电驱履带车辆模糊自适应滑模转向控制［J］. 河南科技大学学报（自然科学版），43(1)：38－45，6.
巫金波，温维佳，2016. 场诱导软物质智能材料研究进展［J］. 物理学报，65(18)：117－129.
吴灿，孔德刚，张韵，等，2016. 六自由度拖拉机-人椅系统振动特性仿真研究［J］. 农机化研究，38(10)：223－228.
吴旺生，喻全余，姜毅，等，2017. 基于Simulink与模糊算法的车辆半主动悬架控制系统研究［J］. 安徽科技学院学报，31(1)：82－90.
谢斌，鲁倩倩，毛恩荣，等，2014. 基于ADAMS的联合收割机行驶平顺性仿真［J］. 农机化研究，36(11)：38－41，50.
徐红梅，王启超，张文杰，等，2022. 基于驾驶员生物力学特性的拖拉机座椅位置参数优化［J］. 农业工程学报，38(22)：32－40.
徐锐良，李三妞，郭志军，等，2016. 拖拉机座椅悬架对动态舒适性影响的研究［J］. 农机化研究，38(2)：240－243，8.
徐晓美，朱思洪，2006. 一种剪式座椅振动特性的理论分析［J］. 中国机械工程（8)：802－804.
徐竹凤，薛新宇，崔龙飞，2017. 农田地面不平度测量与分析［J］. 农机化研究，39(1)：171－176.
徐竹凤，2016. 农田地面不平度测量分析与应用［D］. 合肥：安徽农业大学.

鄢祺迅，2021. 基于路面谱的农林用动力平台随机振动与疲劳分析［D］. 成都：西华大学.
闫建国，2020. 基于农田地面不平激励的拖拉机振动特性研究［D］. 呼和浩特：内蒙古农业大学.
杨飞，徐浩雪，朱菁菁，等，2017. 运用有限元仿真的拖拉机座椅舒适性优化方法［J］. 中国农机化学报，38(5)：47-52.
杨坚，1989. 拖拉机座椅X型非线性悬架系统的分析［J］. 广西农学院学报（4）：72-78.
叶元瑜，1982. 拖拉机乘坐振动理论分析［J］. 农业机械学报（1）：19-32.
伊力达尔·伊力亚斯，2015. 前桥悬架对拖拉机振动特性的影响［D］. 南京：南京农业大学.
于跃荣，安相太，单德福，等，1990. 刚度-阻尼机械自动调节式拖拉机座椅悬架系统的研究［J］. 吉林工业大学学报（3）：37-41.
张裕晨，高坤明，路艳玲，等，2021. 基于正交试验法整定主动悬架PID控制器参数［J］. 山东理工大学学报（自然科学版），35(1)：63-68.
赵六奇，1964. 轮式拖拉机机体振动与平顺性的研究［J］. 农业机械学报（4）：260-273.
赵涛岩，2019. 二型模糊系统的建模与控制［D］. 西安：西北工业大学.
赵永顺，2022. 基于扰动观测器的延迟系统的滑模控制［D］. 济南：山东师范大学.
赵又群，林棻，2021. 汽车系统动力学［M］. 北京：科学出版社.
中国工业信息化部，2016. 农机装备发展行动方案（2016—2025）［Z］.
中国国家标准化管理委员会，2010. 汽车平顺性试验方法：GB/T 4970—2009［S］. 北京：中国标准出版社.
周一鸣，邹剑林，邵万鹏，等，1989. 农用车辆驾驶座椅悬架系统非线性特性的研究［J］. 农业机械学报（3）：22-28.
周一鸣，1983. 拖拉机驾驶座位悬架系统的特性参数与驾驶员不同体重的最佳匹配：一种可调节等效弹簧刚度和等效阻尼系数的座位悬架系统［J］. 农业机械学报（4）：27-43.
朱思洪，王家胜，王敏娜，2009. 带附加气室空气悬架剪式座椅振动特性试验研究［J］. 振动与冲击，28(11)：104-106，206.
AB TALIB M H，DARUS I Z M，SAMIN P M，et al，2021. Vibration control of semi-active suspension system using PID controller with advanced firefly algorithm and particle swarm optimization［J］. J Amb Intel Hum Comp，12(1)：1119-1137.
AB TALIB M H，DARUS I Z M，SAMIN P M，2019. Fuzzy logic with a novel advanced firefly algorithm and sensitivity analysis for semi-active suspension system using magneto-rheological damper［J］. J Amb Intel Hum Comp，10(8)：3263-3278.
ALIASGHARY M，MOHAMMADIKIA R，2022. A novel single-input interval type-2 fractional-order fuzzy controller for systems with parameter uncertainty［J］. Soft Comput，26(10)：4961-4977.
AMJADIAN M，AGRAWAL A K，SILVA C E，et al，2022. Experimental testing and validation of the dynamic model of a magneto-solid damper for vibration control［J］. Mechanical Systems and Signal Processing，166：1-18.
ANAYA-MARTINEZ M，LOZOYA-SANTOS J D J，FELIX-HERRAN L C，et al.，2020. Control of automotive semi-active mr suspensions for in-wheel electric vehicles［J］. Appl Sci-Basel，10(13)：1-31.
BURDORF A，SWUSTE P，1993. The effect of seat suspension on exposure to whole-body vibration of professional drivers［J］. The Annals of occupational hygiene，37(1)：45-55.
CASTILLO O，MUHURI P K，MELIN P，et al，2020. Emerging issues and applications of type-2 fuzzy sets and systems［J］. Eng Appl Artif Intel，90：1-3.

CHAICHAOWARAT R, NISHIMURA S, KREBS H I, 2022. Macro - mini linear actuator using electrorheological - fluid brake for impedance modulation in physical human - robot interaction [J]. Ieee Robot Autom Let, 7(2): 2945 - 2952.

CHEN X L, SONG H, ZHAO S X, et al, 2022. Ride comfort investigation of semi - active seat suspension integrated with quarter car model [J]. Mech Ind, 23: 1 - 17.

CHEN X L, XU L Y, ZHANG S, et al, 2022. Parameter identification of the Bouc - Wen model for the magnetorheological damper using fireworks algorithm [J]. J Mech Sci Technol, 36(5): 2213 - 2224.

CVETANOVIC B, CVETKOVIC D, PRASCEVIC M, et al, 2017. An analysis of the impact of agricultural tractor seat cushion materials to the level of exposure to vibration [J]. Journal of Low Frequency Noise Vibration and Active Control, 36(2): 116 - 123.

DE SOUZA G A F, SANTOS R B D, DE ABREU FARIA L, 2021. A PWM Nie - Tan type - reducer circuit for a low - power interval type - 2 fuzzy controller [J]. Ieee Access, 9: 158773 - 158783.

DESAI R, GUHA A, SESHU P, 2021. A comparison of different models of passive seat suspensions [J]. Proceedings of the Institution of Mechanical Engineers Part D - Journal of Automobile Engineering, 235 (9): 2585 - 2604.

DO X P, CHOI S B, 2022. A state - of - the - art on smart materials actuators over the last decade: Control aspects for diverse applications [J]. Smart Materials and Structures, 31(5): 1 - 41.

FLOREAN - AQUINO K H, ARIAS - MONTIEL M, LINARES - FLORES J, et al, 2021. Modern semi - active control schemes for a suspension with mr actuator for vibration attenuation [J]. Actuators, 10 (2): 1 - 23.

FORESIGHTS M, 2022. Global tractor market [Z].

GOBBI M, MASTINU G, PREVIATI G, 2014. Farm tractors with suspended front axle: Anti - dive and anti - lift characteristics [J]. J Terramechanics, 56: 157 - 172.

GOHARI M, TAHMASEBI M, 2015. Active Off - Road Seat Suspension System Using Intelligent Active Force Control [J]. Journal of Low Frequency Noise Vibration and Active Control, 34(4): 475 - 490.

GOMEZ - GIL J, JAVIER GOMEZ - GIL F, MARTIN - DE - LEON R, 2014. The Influence of Tractor - Seat Height above the Ground on Lateral Vibrations [J]. Sensors, 14(10): 19713 - 19730.

GRACZYKOWSKI C, FARAJ R, 2020. Identification - based predictive control of semi - active shock - absorbers for adaptive dynamic excitation mitigation [J]. Meccanica, 55(12): 2571 - 2597.

GUO J, LI Z D, ZHANG M X, 2021. Parameter identification of the phenomenological model for magnetorheological fluid dampers using hierarchic enhanced particle swarm optimization [J]. J Mech Sci Technol, 35(3): 875 - 887.

HAN C, CHOI S - B, LEE T - H, et al, 2018. Vibration control of MR seat suspension using a new adaptive composite controller [J]. Transactions of the Korean Society for Noise and Vibration Engineering, 28(3): 288 - 295.

HAN W, WANG S, RUI X, et al, 2022. Core/shell magnetite/copolymer composite nanoparticles enabling highly stable magnetorheological response [J]. International Journal of Mechanical System Dynamics, 2(2): 155 - 164.

HE Y C, LIANG G Q, XUE B, et al, 2019. A unified MR damper model and its inverse characteristics investigation based on the neuro - fuzzy technique [J]. Int J Appl Electrom, 61(2): 225 - 245.

HOU S J, LIU G, 2020. Research on theoretical modeling and parameter sensitivity of a single - rod double - cylinder and double - coil magnetorheological damper [J]. Math Probl Eng, 2020: 1 - 20.

HSIAO C Y, WANG Y H, 2022. Evaluation of ride comfort for active suspension system based on self-tuning fuzzy sliding mode control [J]. Int J Control Autom, 20(4): 1131-1141.

HU G L, LIU Q J, DING R Q, et al, 2017. Vibration control of semi-active suspension system with magnetorheological damper based on hyperbolic tangent model [J]. Adv Mech Eng, 9(5): 1-15.

JAIN S, SABOO S, PRUNCU C I, et al, 2020. Performance investigation of integrated model of quarter car semi-active seat suspension with human model [J]. Appl Sci-Basel, 10(9): 1-19.

JI D S, LUO Y P, REN H J, et al, 2019. Numerical simulation and experimental analysis of microstructure of magnetorheological fluid [J]. J Nanomater, 2019: 1-17.

JIANG M, RUI X T, YANG F F, et al, 2022. Multi-objective optimization design for a magnetorheological damper [J]. J Intel Mat Syst Str, 33(1): 33-45.

JIANG M, RUI X T, ZHU W, et al, 2022. Control and experimental study of 6-DOF vibration isolation platform with magnetorheological damper [J]. Mechatronics, 81: 1-19.

JIANG M, RUI X T, ZHU W, et al, 2021. Parameter sensitivity analysis and optimum model of the magnetorheological damper's Bouc-Wen model [J]. Journal of Vibration and Control, 27(19-20): 2291-2302.

JIANG R L, RUI X T, ZHU W, et al, 2022. Design of multi-channel bypass magnetorheological damper with three working modes [J]. Int J Mech Mater Des, 18(1): 155-167.

JI-HUN Y U, KIM G, RYU K-H, et al, 2009. Development of Active Seat Suspension with 2 DOF for Agricultural Tractors (Ⅰ): Development of control system for active seat suspension [J]. Journal of Biosystems Engineering, 34(5): 315-324.

KOU F R, JING Q Q, GAO Y W, et al, 2020. A novel endocrine composite fuzzy control strategy of electromagnetic hybrid suspension [J]. Ieee Access, 8: 211750-211761.

LI G, RUAN Z, GU R, et al, 2021. Fuzzy sliding mode control of vehicle magnetorheological semi-active air suspension [J]. Applied Sciences, 11(22): 10925-10946.

LI I H, 2022. Design for a fluidic muscle active suspension using parallel-type interval type-2 fuzzy sliding control to improve ride comfort [J]. Int J Fuzzy Syst, 24(3): 1719-1734.

LI S H, FENG G Z, ZHAO Q, 2021. Design and research of semiactive quasi-zero stiffness vibration isolation system for vehicles [J]. Shock Vib, 2021: 1-22.

LI X P, LI F J, SHANG D Y, 2021. Dynamic characteristics analysis of ISD suspension system under different working conditions [J]. Mathematics-Basel, 9(12): 1-20.

LIM B, CHOI J, YOO Y, et al, 2021. Perceived magnitude function of friction rendered by the Dahl model [J]. 2021 IEEE World Haptics Conference(Whc): 13-18.

LIU C N, CHEN L, YANG X F, et al, 2019. General theory of skyhook control and its application to semi-active suspension control strategy design [J]. Ieee Access, 7: 101552-101560.

LU H W, ZHANG Z F, HE Y S, et al, 2022. Realization of desired damping characteristics based on an open-loop-controlled magnetorheological damper [J]. Journal of Vibration and Control, 28(23-24): 3652-3663.

MACIEJEWSKI I, BLAZEJEWSKI A, PECOLT S, et al, 2022. A sliding mode control strategy for active horizontal seat suspension under realistic input vibration [J]. Journal of Vibration and Control, 29(11-12): 2539-2551.

MACIEJEWSKI I, KRZYZYNSKI T, MEYER L, et al, 2017. Shaping the vibro-isolation properties of horizontal seat suspension [J]. J Low Freq Noise V A, 36(3): 203-213.

MATA G T, MOKENAPALLI V, KRISHNA H, 2021. Performance analysis of MR damper based semi-active suspension system using optimally tuned controllers [J]. P I Mech Eng D-J Aut, 235(10-11): 2871-2884.

MEHTA C R, TEWARI V K, 2010. Damping characteristics of seat cushion materials for tractor ride comfort [J]. Journal of Terramechanics, 47(6): 401-406.

MELEMEZ K, TUNAY M, EMIR T, 2013. The role of seat suspension in whole-body vibration affecting skidding tractor operators [J]. Journal of Food Agriculture & Environment, 11(1): 1211-1215.

MENDEL J M, 2018. Explaining the performance potential of rule-based fuzzy systems as a greater sculpting of the state space [J]. Ieee T Fuzzy Syst, 26(4): 2362-2373.

MENDEL J M, 2021. Non-singleton fuzzification made simpler [J]. Inform Sciences, 559: 286-308.

MIHALIC F, TRUNTIC M, HREN A, 2022. Hardware-in-the-loop simulations: A historical overview of engineering challenges [J]. Electronics-Switz, 11(15): 2462-2496.

MOHAMMADIKIA R, ALIASGHARY M, 2019. Design of an interval type-2 fractional order fuzzy controller for a tractor active suspension system [J]. Comput Electron Agr, 167: 1-10.

MUNYANEZA O, SOHN J W, 2022. Modeling and control of hybrid MR seat damper and whole body vibration evaluation for bus drivers [J]. J Low Freq Noise V A, 41(2): 659-675.

NAJAFI A, MASIH-TEHRANI M, EMAMI A, et al, 2022. A modern multidimensional fuzzy sliding mode controller for a series active variable geometry suspension [J]. J Braz Soc Mech Sci, 44(9): 1-23.

NEGASH B A, YOU W, LEE J, et al, 2020. Parameter identification of Bouc-Wen model for magnetorheological(MR)fluid damper by a novel genetic algorithm [J]. Adv Mech Eng, 12(8): 1-12.

NEGASH B A, YOU W, LEE J, et al, 2021. Semi-active control of a nonlinear quarter-car model of hyperloop capsule vehicle with skyhook and mixed skyhook-acceleration driven damper controller [J]. Adv Mech Eng, 13(2): 1-14.

NGUYEN S D, CHOI S-B, KIM J-H, 2020. Smart dampers-based vibration control: Part 1: Measurement data processing [J]. Mechanical Systems and Signal Processing, 145: 1-19.

NGUYEN S D, LAM B D, CHOI S-B, 2021. Smart dampers-based vibration control: Part 2: Fractional-order sliding control for vehicle suspension system [J]. Mechanical Systems and Signal Processing, 148: 1-24.

NGUYEN S D, NGUYEN V Q, 2022. SD-TCSs control deriving from fractional-order sliding mode and fuzzy-compensator [J]. Int J Control Autom, 20(5): 1745-1755.

PADMA Y, NUTHALAPATI S, PANTANGI U S, 2022. Synthesis and rheological characterization of nano-magnetorheological fluid using inverse spinel ferrite($NiFe_2O_4$) [J]. Int J Appl Ceram Tec, 19(4): 1870-1878.

PAPAIOANNOU G, KOULOCHERIS D, VELENIS E, 2021. Skyhook control strategy for vehicle suspensions based on the distribution of the operational conditions [J]. P I Mech Eng D-J Aut, 235(10-11): 2776-2790.

PAPAIOANNOU G, VOUTSINAS A, KOULOCHERIS D, 2020. Optimal design of passenger vehicle seat with the use of negative stiffness elements [J]. P I Mech Eng D-J Aut, 234(2-3): 610-629.

PARAFOROS D S, GRIEPENTRONG H W, VOUGIOUKAS S G, 2016. Country road and field surface profiles acquisition, modelling and synthetic realisation for evaluating fatigue life of agricultural machinery [J]. J Terramechanics, 63: 1-12.

PARK D-W, CHOI S-B, 2010. Moving sliding surfaces for high-order variable structure systems [J].

International Journal of Control, 72(11): 960-970.

PENG Y, YANG J, LI J, 2017. Parameter identification of modified Bouc-Wen model and analysis of size effect of magnetorheological dampers [J]. J Intel Mat Syst Str, 29(7): 1464-1480.

RENIUS K T, 2020. Fundamentals of tractor design [M]. Switzerland: Springer.

RUITAO G, YANG W, ZHOU Y, et al, 2018. Tractor driving seat suspension system research status and strategies in china: A review [J]. IFAC-PapersOnLine, 51(17): 576-581.

SAVAIA G, PANZANI G, CORNO M, et al, 2021. Hammerstein-Wiener modelling of a magneto-rheological dampers considering the magnetization dynamics [J]. Control Engineering Practice, 112: 1-9.

SHAH P, AGASHE S, 2016. Review of fractional PID controller [J]. Mechatronics, 38: 29-41.

SHI X, ZHAO F L, YAN Z D, et al, 2021. High-performance vibration isolation technique using passive negative stiffness and semiactive damping [J]. Comput-Aided Civ Inf, 36(8): 1034-1055.

SHIN D K, PHU D X, CHOI S M, et al, 2016. An adaptive fuzzy sliding mode control of magneto-rheological seat suspension with human body model [J]. J Intel Mat Syst Str, 27(7): 925-934.

SIM K, LEE H, YOON J W, et al, 2017. Effectiveness evaluation of hydro-pneumatic and semi-active cab suspension for the improvement of ride comfort of agricultural tractors [J]. J Terramechanics, 69: 23-32.

SINGH A, SINGH L P, SINGH S, et al, 2019. Evaluation and analysis of occupational ride comfort in rotary soil tillage operation [J]. Measurement, 131: 19-27.

SOLIMAN A M A, KALDAS M M S, 2019. Semi-active suspension systems from research to mass-market: A review [J]. Journal of Low Frequency Noise, Vibration and Active Control, 40(2): 1005-1023.

SON N N, KIEN C V, CHINH T M, 2022. Event-triggered sliding mode control with hysteresis for motion tracking of piezoelectric actuated stage [J]. Ieee Access, 10: 65309-65314.

SOOSAIRAJ A S, KANDAVEL A, 2021. Ride comfort analysis of driver seat using super twisting sliding mode controlled magnetorheological suspension system [J]. P I Mech Eng D-J Aut, 235(14): 3606-3618.

SOSTHENE K, JOSEE M, HUI X, 2018. Fuzzy logic controller for semi active suspension based on magneto-rheological damper [J]. International Journal of Automotive Engineering and Technologies, 7(1): 38-47.

STAMOULI C J, BECHLIOULIS C P, KYRIAKOPOULOS K J, 2022. Robust dynamic average consensus with prescribed transient and steady state performance [J]. Automatica, 144: 1-10.

SUN C B, XU Z B, DENG S C, et al, 2022. Integration sliding mode control for vehicle yaw and rollover stability based on nonlinear observation [J]. T I Meas Control, 44(15): 3039-3056.

SUN P W, ZHANG Y, ZHANG L T, et al, 2022. Value range optimization of ply parameter for composite wind turbine blades based on sensitivity analysis [J]. J Mech Sci Technol, 36(3): 1351-1361.

SUN R Q, WONG W O, CHENG L, 2022. A tunable hybrid damper with coulomb friction and electromagnetic shunt damping [J]. J Sound Vib, 524: 1-19.

SUN R Q, WONG W O, CHENG L, 2023. Bi-objective optimal design of an electromagnetic shunt damper for energy harvesting and vibration control [J]. Mechanical Systems and Signal Processing, 182: 1-20.

SUN X, ZHANG H G, HAN J, et al, 2017. Non-fragile control for interval type-2 TSK fuzzy logic control systems with time-delay [J]. J Franklin I, 354(18): 7997-8014.

SUN X, ZHANG H, SHAN Q, et al, 2018. H_{∞} control of interval type-2 fuzzy logic system with time-delay partition method [J]. Neurocomputing, 275: 200-207.

TAGHIZADEH-ALISARAEI A, 2017. Analysis of annoying shocks transferred from tractor seat using vibration signals and statistical methods [J]. Computers and Electronics in Agriculture, 141: 160-170.

TANG X, NING D H, DU H P, et al, 2020. Takagi-Sugeno fuzzy model-based semi-active control for the seat suspension with an electrorheological damper [J]. Ieee Access, 8: 98027-98037.

TEWARI V K, PRASAD N, 2000. Optimum seat pan and back-rest parameters for a comfortable tractor seat [J]. Ergonomics, 43(2): 167-186.

THEUNISSEN J, TOTA A, GRUBER P, et al, 2021. Preview-based techniques for vehicle suspension control: A state-of-the-art review [J]. Annu Rev Control, 51: 206-235.

WANG B, WANG W J, LI Z C, 2021. Sliding mode active disturbance rejection control for magnetorheological impact buffer system [J]. Front Mater, 8: 1-16.

WEI L K, LV H Z, YANG K H, et al, 2021. A comprehensive study on the optimal design of magnetorheological dampers for improved damping capacity and dynamical adjustability [J]. Actuators, 10(3): 1-21.

WEI S L, WANG J, OU J P, 2021. Method for improving the neural network model of the magnetorheological damper [J]. Mechanical Systems and Signal Processing, 149: 1-15.

WEI W Q, OUYANG H B, ZHANG C L, et al, 2021. Dynamic collaborative fireworks algorithm and its applications in robust pole assignment optimization [J]. Appl Soft Comput, 100: 1-34.

WU L, LIU J, VAZQUEZ S, et al, 2022. Sliding mode control in power converters and drives: A review [J]. IEEE/CAA Journal of Automatica Sinica, 9(3): 392-406.

WU Y, WANG L, LI F, et al, 2022. Robust sliding mode prediction path tracking control for intelligent vehicle [J]. Proceedings of the Institution of Mechanical Engineers, Part I: Journal of Systems and Control Engineering, 236(9): 1607-1617.

XIAO H L, ZHAO D Y, GAO S L, et al, 2022. Sliding mode predictive control: A survey [J]. Annu Rev Control, 54: 148-166.

XIE Z C, WANG D L, WONG P K, et al, 2022. Dynamic-output-feedback based interval type-2 fuzzy control for nonlinear active suspension systems with actuator saturation and delay [J]. Inform Sciences, 607: 1174-1194.

YANG L, WANG R C, DING R K, et al, 2021. Investigation on the dynamic performance of a new semi-active hydro-pneumatic inerter-based suspension system with MPC control strategy [J]. Mechanical Systems and Signal Processing, 154: 1-21.

YANG M G, LI C Y, CHEN Z Q, 2013. A new simple non-linear hysteretic model for MR damper and verification of seismic response reduction experiment [J]. Eng Struct, 52: 434-445.

YANG X F, YAN L, SHEN Y J, et al, 2020. Optimal design and dynamic control of an ISD vehicle suspension based on an ADD positive real network [J]. Ieee Access, 8: 94294-94306.

YANG X, YAN L, SHEN Y, et al, 2020. Dynamic performance analysis and parameters perturbation study of inerter-spring-damper suspension for heavy vehicle [J]. Journal of Low Frequency Noise, Vibration and Active Control, 40(3): 1335-1350.

YONG H, SEO J, KIM J, et al, 2023. Suspension control strategies using switched soft actor-critic models for real roads [J]. IEEE Transactions on Industrial Electronics, 70(1): 824-832.

YU S, XIE M, WU H, et al, 2022. Composite proportional-integral sliding mode control with feedforward control for cell puncture mechanism with piezoelectric actuation [J]. ISA Trans，124：427 - 435.

YU X，KAYNAK O，2017. Sliding mode control made smarter：A computational intelligence perspective [J]. IEEE Systems，Man，and Cybernetics Magazine，3(2)：31 - 34.

YUE Z H，ZHANG S，XIAO W D，2020. A novel hybrid algorithm based on grey wolf optimizer and fireworks algorithm [J]. Sensors - Basel，20(7)：1 - 17.

ZAJAC K，KOWAL J，KONIECZNY J，2022. Skyhook control law extension for suspension with nonlinear spring characteristics [J]. Energies，15(3)：1 - 21.

ZEHSAZ M，SADEGHI M H，ETTEFAGH M M，et al，2011. Tractor cabin′s passive suspension parameters optimization via experimental and numerical methods [J]. Journal of Terramechanics，48(6)：439 - 450.

ZHANG Y，YAN P，2019. Adaptive observer - based integral sliding mode control of a piezoelectric nano - manipulator [J]. IET Control Theory & Applications，13(14)：2173 - 2180.

ZHAO J，LI X，TONG S，2020. Fuzzy adaptive dynamic surface control for strict - feedback nonlinear systems with unknown control gain functions [J]. International Journal of Systems Science，52(1)：141 - 156.

ZHAO Y L，WANG X，2019. A review of low - frequency active vibration control of seat suspension systems [J]. Appl Sci - Basel，9(16)：1 - 28.

ZHENG E L，CUI S，YANG Y Z，et al，2019. Simulation of the vibration characteristics for agricultural wheeled tractor with implement and front axle hydropneumatic suspension [J]. Shock Vib，2019：1 - 19.

ZHENG E L，ZHONG X Y，ZHU R，et al，2019. Investigation into the vibration characteristics of agricultural wheeled tractor - implement system with hydro - pneumatic suspension on the front axle [J]. Biosyst Eng，186：14 - 33.

ZHOU Y，2022. A summary of PID control algorithms based on AI - Enabled embedded systems [J]. Secur Commun Netw，2022：1 - 7.

ZHU H T，RUI X T，YANG F F，et al，2019. An efficient parameters identification method of normalized Bouc - Wen model for MR damper [J]. J Sound Vib，448：146 - 158.

ZHU H T，RUI X T，YANG F F，et al，2020. Semi - active scissors - seat suspension with magneto - rheological damper [J]. Front Mater，7：1 - 13.

ZHU H T，RUI X，YANG F，et al，2019. An efficient parameters identification method of normalized Bouc - Wen model for MR damper [J]. J Sound Vib，448：146 - 158.

缩略语词汇表

简称	全称
ADDC	加速度驱动阻尼控制（acceleration driven damper control）
DoE	试验设计（design of experiments）
EIASC	具有停止条件的增强迭代算法（enhanced iterative algorithm with stop condition）
EKM	改进 KM 方法（enhanced KM）
ERF	电流变液（electrorheological fluid）
FoU	不确定性轨迹（footprint of uncertainty）
FSs	模糊集（fuzzy sets）
FWA	烟花算法（fireworks algorithm）
HILS	硬件在环仿真（hardware - in - the - loop simulations）
I - Bouc - Wen 模型	关于电流控制的 Bouc - Wen 简化模型
ISD	惯容-弹簧-阻尼（inerter - spring - damper）
IT2FLC	区间二型模糊逻辑控制（interval type - 2 fuzzy logic control）
IT2FLS	区间二型模糊逻辑系统（interval type - 2 fuzzy logic system）
IT2FSs	区间二型模糊集（interval type - 2 fuzzy sets）
KM	karnik - mandel 方法
LMF	下隶属函数（lower membership function）
MIO	蕴涵最小运算（mamdani implication operator）
MRD	磁流变阻尼器（magnetorheological damper）
MRF	磁流变液（magnetorheological fluid）
MSD	磁固阻尼器（magneto - solid damper）
NB	负大（negative big）
NM	负中（negative middle）
NS	负小（negative small）
OAT	单次单因子法（one - at - a - time）
PB	正大（positive big）
PID	比例-积分-微分（proportional - integral - differential）
PM	正中（positive middle）
PSD	功率谱密度（power spectral density）
PS	正小（positive small）

（续）

简称	全　称
RMS	均方根（root mean square）
RT	实时（real time）
SA	灵敏度分析（sensitivity analysis）
SAC	软作动模式（soft actor - critic）
SMC	滑模控制（sliding mode control）
T1FLS	一型模糊逻辑系统（type - 1 fuzzy logic system）
T1MF	一型隶属度（type - 1 membership function）
T1	一型（type - 1）
T1FLC	一型模糊逻辑控制（type - 1 fuzzy logic control）
T2	二型（type - 2）
T2FLC	二型模糊逻辑控制（type - 2 fuzzy logic control）
T2MF	二型隶属度（type - 2 membership function）
UMF	上隶属函数（upper membership function）
ZE	零（zero）